Fashion Eyelashes Artist

속눈썹 디자인

Chung Ku Publisher

머 리 말

미용분야의 세분화 현상은 놀라운 규모와 속도로 성장하고 있는 현대 뷰티산업의 대표적인 특징이라 할 수 있다. 지난 세기 활발한 활동을 보인 메이크업 아티스트, 네일 아티스트에 뒤이어 금세기에는 '속눈썹 아티스트'라는 새로운 전문직이 독자적인 영역으로 자리 잡기 시작했다. 아름다움을 추구하는 여성들의 관심이 얼굴, 특히 눈과 그 주위에 집중되기 때문에 눈 화장과 밀접한 관련이 있는 속눈썹에 대한 관심도 자연스레 커졌으며, 속눈썹 미용분야도 이러한 기대에 부응하여 나날이 발전하고 있다.

그러나 속눈썹 미용에 관한 이론과 현장기술을 제대로 다룬 학술적 성과가 미흡한 편이고 또한 속눈썹 교육과정이 개설되어 보다 체계적인 속눈썹 지침서의 필요성도 커졌으므로 이번에 해당분야 연구자들이 속눈썹에 대한 교재를 집필하게 되었다. 속눈썹에 관심이 많은 미용인들과 관련분야 학생들에게 정확하고 바른 지식을 전달하고자, 속눈썹에 대한 기초 상식과 속눈썹 연장에 대한 기본적인 내용, 구체적인 시술 과정을 설명하였다.

현대 미용분야에서 시간과 디자인은 경쟁력의 핵심 요소이다. 이러한 측면에서 기존의 속눈썹 연장방식은 시술 시간이 오래 걸리고 초보자가 습득하는데 어려움이 적지 않다. 시간 단축은 물론이고 다양한 디자인을 연출할 수 있으며 초보자도 쉽게 배워 사용할 수 있도록 고안된 연장기기가 개발되었다. 이 속눈썹 연장기기를 이용하여 속눈썹을 연장하는 방식을 자세히 소개하였다.

이 교재가 미용학과 학생들과 속눈썹 아티스트가 되고자 준비하는 모든 이들에게 좋은 지침서가 되기를 바라며, 부족한 점이나 생각지 못한 오류에 대해서는 독자들의 아낌없는 충고를 겸허히 받아들여 보완할 것을 약속드린다.

이 교재를 집필하는데 도움을 주신 모든 분들에게 감사드리며, 책이 완성되기까지 물심양면 지원을 아끼지 않으신 청구출판사 사장님과 임직원 여러분께도 진심으로 감사드린다.

저자 일동

목 차

Chapter 1

속눈썹 디자인의 이해

Chapter 01
속눈썹 디자인의 이해

1 속눈썹 디자인의 개념

미에 대한 추구는 시대적인 트렌드에 따라 다양하게 변화되어 가고 있다. 특히 아이 메이크업은 작은 변화로도 얼굴 이미지를 쉽게 변화시킬 수 있으며 인상 형성의 중요한 요인으로 인식되고 있다.

속눈썹 디자인은 눈 형태의 결점을 보완하고 좋은 인상으로 변화시킬 수 있으며, 신체적인 아름다움의 창조와 자기 이미지 상승효과를 주는 등 심리적인 영향을 미친다.

최근 뷰티 트렌드의 한 흐름으로 부각되고 있는 속눈썹 연장술은 새로운 속눈썹 디자인기법의 하나로써, 속눈썹에 가속눈썹을 붙여 연장하는 기술이다. 한쪽 눈에 30~80개 정도의 가속눈썹을 붙여 아름답게 하는 방법으로 속눈썹 길이의 연장은 물론 속눈썹 수의 증가로 아름답게 하는 기법이다.

속눈썹 디자인의 효과는 미적 아름다움을 넘어 자신감을 상승시키는 효과가 있으며 특히 동양인들의 처진 속눈썹을 선명하고 진하게 보이는 효과를 줄 수 있다. 뿐만아니라 눈의 크기를 변화시키고 이미지를 연출할 수 있으므로 빠르고 바쁜 현대사회에서 속눈썹 연장술은 메이크업의 시간을 줄여준다는 측면에서 매우 효율적인 테크닉이다.

속눈썹 연장술은 속눈썹 증모술, 연장술, 반영구 속눈썹 등으로 표현되고 있으며 이중 연장술과 증모술에 대한 용어를 정리해 보고자 한다.

(1) 속눈썹 연장(延長)

구 분	특 징
속눈썹 연장술 (eyelashes extension)	【연장(延長)】 1. 길이를 길게 늘임 2. 여러 선의 길이를 연결했을 때의, 그 전체의 길이 3. 연장의 의미는 길이의 확대를 의미하는 단어로 국어사전 의미를 가지고 있으며 영문 번역시 또한 길이의 연장을 의미하는 extension의 의미를 갖고 있음 따라서 속눈썹 연장술이라 함은 기존의 짧은 속눈썹을 보다 더 길어 보이도록 하기 위해 기존 속눈썹 위에 가속눈썹을 한 올 한 올 연장해 속눈썹의 길이를 길게 늘리는 기술을 의미함

(2) 속눈썹 증모(增毛)

구 분	특 징
속눈썹 증모술 (eyelashes addition)	【증모(增毛)】 1. 털을 더하다, 많아지다, 늘리다, 겹치다의 의미로 증(增)이라는 한자는 숫자를 늘린다는 의미로 활용되며 증모란 털의 수가 늘어난다는 것을 의미함 따라서 속눈썹 증모술이란 기존 속눈썹의 숱이 적은 경우, 숱을 풍성하게 보이도록 하기 위해 기존 속눈썹에 가속눈썹을 여러 가닥으로 연장하거나 수를 증가시켜 나가는 기술을 의미함

2 속눈썹 디자인의 비전과 진로

최근 '외모가 경쟁력이다'라는 표현이 있을 정도로 외모에 대한 관심이 높아지면서 뷰티 서비스와 뷰티 산업에 대한 수요가 증가하고 있다. 2014년도 헤어, 피부관리, 메이크업, 네일 등 뷰티 서비스 분야의 시장 규모가 약 9조 9천억원, 종사자수는 35만명 수준으로 추산하고 있으며, 매년 평균 9%의 성장을 거듭하고 있다. 속눈썹 디자인 산업은 성장 잠재력이 높은 미래 성장 동력 산업이며 일자리 창출이 이루어지는 고부가가치 산업으로서의 발전가능성이 있는 뷰티 산업 분야라고 할 수 있다.

속눈썹 미용의 국내 현황은 여러 분야의 미용업에 겸업이 확대되는 추세이며 속눈썹 미용 전문샵도 증가되고 있다. 헤어분야에서는 20%, 피부분야에서는 30%, 네일 및 메이크업 분야에서는 70%의 겸업이 확대되고 있다. 속눈썹 아티스트는 미용 대상 여성인구의 10% 미만이므로 향후 시장 확대는 폭발적으로 이루어질 블루오션(Blue ocean) 분야라고 볼 수 있다.

특히 한류 열풍으로 인해 드라마, 영화 등 한류 컨텐츠가 수출된 국가에서는 우리나라 배우의 메이크업과 헤어 스타일이 최신 유행으로 인기를 얻고 있으며, 아이 메이크업도 한류와 함께 문화 컨텐츠로 인식되어가는 과정에 있으므로 속눈썹 디자인 역시 뷰티 산업의 한 분야로써 그 발전은 더욱 가속화 될 것으로 보여진다.

속눈썹 디자인은 한국의 섬세한 손기술 명성과 함께 해외 시장으로 진출하고 있으며 앞으로 국가별 시장 동향도 매우 긍정적으로 아시아와 중국, 유럽, 미주 등에서 한국의 브랜드와 K-pop을 포함한 한국 문화가 전 세계에 파급되고 있는 점을 감안할 때 속눈썹 디자인 브랜드 가치는 매우 중요하다고 볼 수 있다.

속눈썹 연장을 통해 아름다움을 연출하는 사람을 속눈썹 아티스트라고 하며, 속눈썹 아티스트는 얼굴의 장단점을 파악하여 눈의 이미지를 가장 이상적인 디자인으로 연출하고 눈을 건강하고 아름답게 꾸미는 역할을 한다.

속눈썹 아티스트의 진출분야는 속눈썹 아티스트, 속눈썹 코디네이터 등 그 직업의 폭이 다양하다.

① 속눈썹 아티스트 (eyelashes artist)

속눈썹 연장을 통해 아름다움을 연출하는 일로 T.P.O(Time-Place-Occasion)에 따른 속눈썹을 연출하거나 패션, 웨딩, 무대, 광고 등의 목적에 따라서 속눈썹을 연출하는 일을 한다.

② 속눈썹 코디네이터 (eyelashes coordinator)

TV·방송, 패션, 영화 등 다양한 분야의 프로그램의 목적에 맞게 속눈썹을 연출하거나 내용에 맞게 꾸미는 일을 할 수 있다. 방송뿐만 아니라 일반인에게도 이미지 변화나 직업에 맞는 속눈썹을 디자인하여 제안하는 일을 한다.

③ 속눈썹 머천다이저 (eyelashes merchandiser)

속눈썹 연장에 필요한 재료 및 기구 등의 상품 계획, 구입, 가공, 진열, 판매 등에 대한 결정권자 및 책임자로 활동하는 일을 한다.

④ 속눈썹 패션 샵 (eyelashes fashion shop)

속눈썹 미용은 모든 미용업과 겸업이 가능하므로 샵 인 샵(shop in shop)의 형태나 개별적인 단독 패션 샵을 운영 할 수 있다.

⑤ 속눈썹 미용 교수 (eyelashes professor)

속눈썹 미용이 전국 미용학원과 대학교에서 교과목으로 채택되는 비중이 늘어나고 있는 만큼 인재를 양성할 수 있는 강사와 교수의 역할도 할 수 있다.

⑥ 속눈썹 쇼 디렉터 (eyelashes show director)

패션쇼에서 중요한 것 중 하나가 바로 의상, 헤어, 메이크업의 분위기를 총괄하며 주제에 맞게 패션의 전반적인 과정과 정보를 관리하고 기획하고 지휘하는 일이다. 속눈썹 쇼 디렉터는 패션쇼에서 메이크업과 속눈썹을 주제별로 기획하고 실현하는 일을 한다.

Chapter 2

속눈썹의 이해

Chapter 02
속눈썹의 이해

1 눈의 구조와 특징

1) 눈의 구조

눈은 크게 안구(eyeball)와 눈의 부속기관으로 나누어진다.

(1) 안구(Eyeball)

안구는 안와(orbit)의 앞부분에 위치하고 지방과 결합조직에 둘러싸여 외부의 충격으로부터 보호받으며 앞쪽만 공기에 노출되어 있고, 외막(outer coat), 중막(middle coat), 내막(inner coat)과 눈의 내용물로 이루어진다.

- 외막은 앞쪽 1/6을 차지하는 투명한 각막(cornea)과 뒤쪽 5/6를 차지하는 흰색의 공막(sclera)으로 구성된다. 각막은 흔히 검은자위로, 공막은 흰자위로 불린다.
- 중막은 외막의 내면에 있는 혈관성 조직으로서 포도막(uvea)이라고 하며, 홍

채(iris), 섬모체(ciliary body), 맥락막(choroid)으로 구성된다. 또한 많은 혈관과 색소를 갖는 섬세한 결합조직막으로 혈관막이라고도 불린다.

- 내막은 안구의 가장 안쪽에 있는 막으로 망막(retina)이라 부르는데, 이 망막은 시각에 중요한 역할을 하는 투명한 신경조직으로서 시신경을 통해 뇌와 연결되어 있다.
- 눈의 내용물에는 방수(aqueous humor), 수정체(lens), 유리체(vitreous body)로 이루어져 있다.

- 눈
  - 안구
    - 눈의 막구조
      - 외막: 각막, 공막
      - 중막: 홍채, 섬모체, 맥락막
      - 내막: 망막
    - 눈의 내용물
      - 방수
      - 수정체
      - 유리체
  - 눈의 부속기관
    - 안와
    - 눈꺼풀(안검)
    - 속눈썹(첩모)
    - 결막
    - 눈물기관
    - 외안근

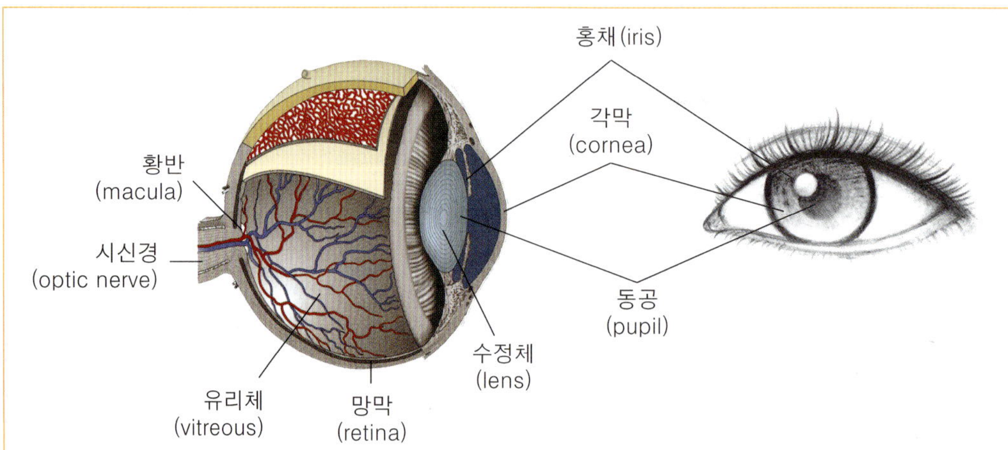

그림 2-1 눈의 구조

(2) 눈의 부속기관(Accessory apparatus)

- 눈의 부속기관으로는 안와, 눈꺼풀, 속눈썹, 결막, 눈물기관(lacrimal apparatus), 외안근(extraocular muscle), 신경, 혈관조직으로 이 있다.

2) 눈의 구조와 특징

(1) 안구(Eyeball)

<눈의 막 구조>

구조		내용
외막 (outer coat)	각막 (corner)	▪ 안구 전방부 1/6을 차지하는 투명층 ▪ 광선투과
외막 (outer coat)	공막 (sclera)	▪ 안구 후방부 5/6를 차지하는 백색의 불투명층 ▪ 안구 형태유지 ▪ 안구 내부보호 ▪ 시각신경섬유의 출구 ▪ 안구근육 부착
중막 (middle coat)	홍채 (iris)	▪ 섬모체 전방부에 신장된 얇은 근육층 ▪ 눈의 색깔 결정 ▪ 동공의 크기 조절
중막 (middle coat)	섬모체 (ciliary body)	▪ 맥락막에서 이행되어 온 근육 조직 ▪ 혈관 발달 ▪ 수정체 조절력 변화 ▪ 방수유출
중막 (middle coat)	맥락막 (choroid)	▪ 공막과 망막 사이의 안구 후방부 2/3를 차지하는 얇은층 ▪ 혈관과 색소가 풍부
내막 (inner coat)	망막 (retina)	▪ 안구 가장 안쪽의 후방부 2/3를 차지하는 신경층 ▪ 색소상피층과 신경층 구성

〈눈의 내용물〉

구 조	내 용	
방수 (aqueous humor)	▪ 유리체(vitreous body) ▪ 안압 형성	▪ 전방과 후방에 분포 ▪ 각막에 대사기능
수정체 (lens)	▪ 섬모체띠에 부착된 투명렌즈 ▪ 광선 투과	▪ 조절성 렌즈 ▪ 자외선 차단
유리체 (vitreous body)	▪ 안구 내부 공간을 채우는 물질 ▪ 안구형태 유지	▪ 무혈관성의 투명한 젤리 구조

(2) 눈의 부속기관(Accessory apparatus)

구 조	내 용
안와 (orbit)	▪ 이마뼈, 나비뼈, 위턱뼈, 광대뼈, 입천장뼈, 벌집뼈, 눈물뼈 등 7개의 안면골로 둘러싸인 공간 ▪ 안와의 통로 : 시신경 구멍, 상안와열, 하안와열 ▪ 안구 보호
눈꺼풀(안검) (eyelids)	▪ 안구를 닫을 수 있는 피부 중첩부 ▪ 순목작용(눈의 개폐) ▪ 피부, 근육, 눈꺼풀판(검판), 결막으로 구성 ▪ 외부자극으로부터 안구 보호 ▪ 다양한 분비샘 존재
속눈썹(첩모) (eyelashes)	▪ 눈꺼풀판 샘(검판선) 앞쪽의 짧은 털 ▪ 외부 이물질(피지선 물질) 방어 및 차단
결막 (conjunctiva)	▪ 눈꺼풀과 안구를 덮고 있는 점액성 막 ▪ 눈꺼풀막, 안구결막, 결막구석으로 구분 ▪ 혈관성 막
눈물기관 (lacrimal apparatus)	▪ 눈물샘과 눈물 경로 제공 ▪ 눈물샘 : 눈물샘과 덧눈물샘 ▪ 눈물 경로 : 눈물점, 눈물관, 눈물주머니, 코 눈물관 ▪ 눈물막 형성 : 눈 건조방지, 면역 작용, 고른 광학면 형성
안근 (ocular muscles)	▪ 안구를 움직이는 근육 ▪ 상·하·내·외4개의 곧은근과 위·아래2개의 빗근으로 구성 ▪ 안구 운동에 관여

2 속눈썹의 기능과 구조

속눈썹(eyelashes)은 위·아래 눈꺼풀에 난 길이 10mm 정도의 털로 첩모(睫毛)라고도 하며, 위눈꺼풀에 약 100~150개 아래눈꺼풀에 약 70~80개가 자라고 있다. 라틴어 'cilium'에 어원을 두고 있다. 또한, 인체의 가장 중요하고 예민한 부분을 담당하는 눈꺼풀(eyelids)에 위치하고 있다.

속눈썹은 짧고 구부러진 털(파상모)로 가쪽 눈구석에서부터 유두까지의 눈꺼풀 가장자리에 배열되어 있다. 위눈꺼풀의 속눈썹은 길고 많으며 위를 향해 구부러져 있고, 아래눈꺼풀은 아래를 향해 구부러져 있다.

동양인의 경우 대개 속눈썹은 2~3열로 되어 있다. 속눈썹 1열에서 4열 순서는 눈꺼풀 안쪽부분부터 눈썹방향쪽으로 1열, 2열, 3열 순서로 배열되어진다. 속눈썹 중에서 1~5개 정도 2~3열에서 벗어나 자란 것을 4열이라 한다.

속눈썹은 단순히 신체의 예쁜 외모를 위한 것만은 아니다. 속눈썹은 유연한 운동능력과 예민한 지각을 갖고 있어 주변의 먼지나 티끌 등의 이물질로부터 눈을 보호하고, 눈 근처에 기생하는 곤충 또는 먼지 진드기와 같은 것들이 눈 속으로 들어가지 못하도록 보호해 주는 기능을 담당한다.

속눈썹은 자라난 모양에 따라 위로 솟아 있는 형태, 적당한 길이로 건강하게 눈을 보호하는 형태, 아래로 처지는 형태로 구분할 수 있다.

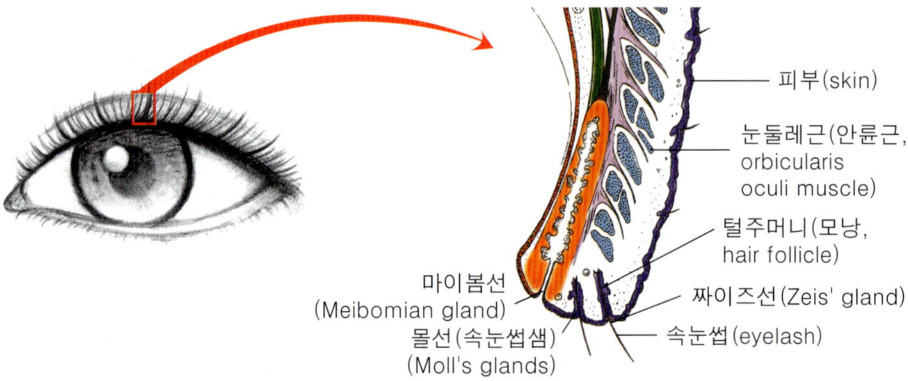

그림 2-2 눈꺼풀의 구조

표 2-1 동양과 서양 여성의 속눈썹

구 분	크 기	동양 여성(20대)	서양 여성(20대)
배열	열의 수	2-3열	2-4열
양	많다 보통 적다	120-140개 이상 100-110개 이상 70-80개 이하	150-170개 이상 130-140개 이상 80-90개 이하
길이	길다 보통 짧다	12mm 이상 8-10mm 이상 6-7mm 이하	14-16mm 이상 12-13mm 이상 9-10mm 이하

표 2-2 속눈썹 수량

구 분		속눈썹 수량			가속눈썹 연장 수량
		임미애(2007)	설현진(2008)	남지영(2013)	
눈꺼풀 (Eyelids)	위눈꺼풀 (upper eyelid)	100~150	180	100~110	일반적으로 적게는 30개에서, 많게는 80개 정도 연장
	아래눈꺼풀 (lower eyelid)	70~80	70~80	40~50	

3 속눈썹의 생장주기(Life cycle)

속눈썹은 신체 대부분의 털(hair)처럼 끊임없이 성장과 퇴화를 반복한다. 속눈썹의 성장주기는 성장기(anagen), 퇴화기(catagen), 휴지기(telogen)의 세 단계를 거쳐 진행되며, 각각의 속눈썹은 개별적인 독립된 주기(synchronized type)를 갖는다.

속눈썹은 특정 성장주기를 따라 특정 길이로 자라며, 뽑혀진 속눈썹이 다시 성장하는 데는 약 7~8주(약 2개월) 정도 소요된다. 그러나 지속적으로 속눈썹을 뽑는 경우 영구적인 손상을 초래할 수 있어 주의해야 한다.

속눈썹은 인종, 성별, 나이에 따라 길이와 두께의 차이가 있다. 보통 속눈썹의 두께는 0.1mm~0.15mm로 하루에 약 0.07mm~0.1mm씩 성장한다. 속눈썹이 짧은 사람은 약 5~7mm, 긴 사람의 경우 약 8~12mm 정도 되며 약 3~4개월 정도 눈을 보호하고 유지하다가 자연 탈락되는 과정(cycle)을 반복한다.

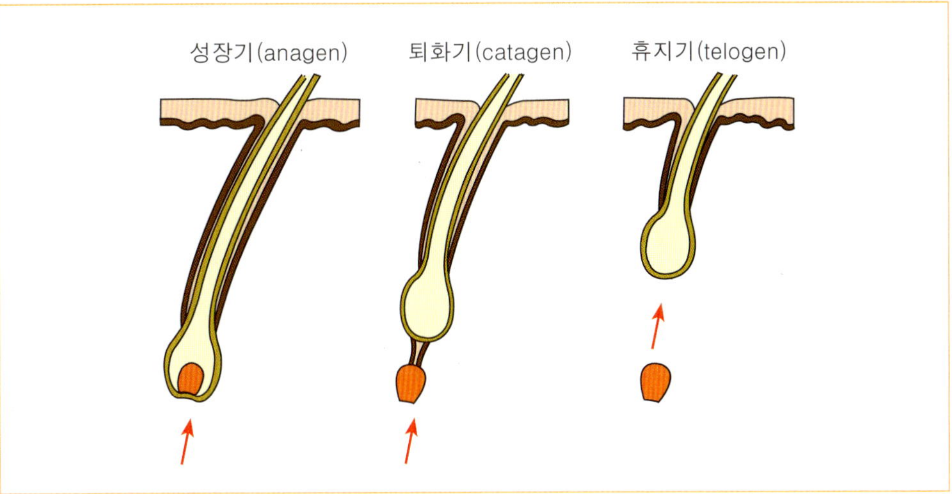

그림 2-5 눈썹의 생장주기

1) 성장기(Anagen)

성장기 단계에서는 속눈썹이 활발히 성장하는 단계이며, 약 30~45일 정도 지속된다. 상부 속눈썹의 약 40% 정도와 하부 속눈썹의 약 15% 정도가 임의적으로 성장기 단계를 가지며, 각각의 속눈썹은 특정 길이로 성장하고 중지된다.

2) 퇴화기(Catagen)

퇴화기는 이행단계로 알려져 있다. 이 단계에서의 속눈썹은 성장하는 것을 멈추고, 모낭이 축소된다. 만일 이 단계에서 속눈썹이 빠지거나 뽑혀진다면, 곧바로 다시 자랄 수 없다. 모낭이 퇴화기 단계에서 손상을 받을 경우 속눈썹이 다시 자라기 어렵기 때문이다. 퇴화기는 적어도 약 2~3주 정도 지속된다.

3) 휴지기(Telogen)

휴지기는 일반적으로 2주 정도의 시간이 소요되지만 각각의 독립적인 속눈썹은 자신만의 성장 사이클을 가지므로 속눈썹이 빠지고 새로운 성장까지는 100일 이상 지속될 수 있다. 일반적으로 속눈썹이 완벽하게 대체되는 데는 약 4~8주 정도 소요되며 빠지는 단계(shedding phase) 이후 새로운 주기가 시작되고 속눈썹이 다시 생성된다.

4 눈 질환

1) 속눈썹 탈락증(Madarosis)

속눈썹이 빠지는 원인으로는 탈모증, 갑상선 기능 저하증과 뇌하수체 기능 부전증의 질환, 잘못된 마스카라 사용법에 의한 부작용으로 나타날 수 있다. 때로는 모낭충에 의해 생길 수 있고 악성 종양에 의해 발생할 수도 있다.

2) 안검염(Blepharitis)

눈꺼풀의 만성 염증이 특징인 질환으로 포도상구균 등 병원미생물에 의한 감염이나 지루성 피부염, 외상, 화장품 알러지 반응 등에 의해 발생되는 질환이다.

3) 속눈썹 난생증(Trichiasis)

속눈썹이 안구 쪽을 향하여 자라는 상태로 눈이 부시고 눈물이 나며 이로 인해 이물감을 호소한다. 정상적인 속눈썹과 달리 자라는 방향이 일정하지 않아 각막에 상처를 내기 때문에 속눈썹 전기분해 및 안검형성술 등으로 교정한다. 이 질환은 감염, 염증, 자가면역 질환, 선천성 결함이나 화상같은 눈꺼풀의 이상 등이 원인이 된다.

4) 모낭충(Demodex folliculorum)

모낭충은 길이가 0.1~0.4㎜으로 머리나 얼굴 피부의 모낭과 피지선을 뚫고 들어가 피지와 노폐물을 영양분으로 기생하며 모낭 안쪽에서 증식한다. 각종 피부질환을 유발하며, 여드름 및 탈모 등도 유발한다.

5) 사면발이(Crab louse, Phthirus)

사람에게 감염되는 1.3~2㎜의 길이의 기생충으로 일반적으로 감염된 사람과의 접촉으로 감염된다. 보통 성적접촉에 의해 음모에 주로 감염되나, 사람의 털이 있는 부분에는 어디든지 감염될 수 있다. 성기주변 표피속에서 기생하며 음모에 산란한다. 벼룩 등과 달리 뛰지 못하고 사람의 혈액을 먹이로 한다는 특징이 있다.

6) 다래끼, 맥립종(Hordeolum)

속눈썹의 기저에 있는 짜이즈샘(Zeis' gland)이나 몰샘(Moll's gland)에 생긴 급성화농성 염증을 겉다래끼라고 하고 마이봄샘(Meibomian gland)에 생긴 것을 속다래끼(매립종)이라고 한다. 피지선의 감염 또는 땀샘의 감염에 의해 나타나는 급성 화농성 질환으로 만성질환은 아니지만 일반적으로 항생제 치료 없이 4일~7일이면 사라진다.

7) 두줄속눈썹(Distichiasis)

두 번째 속눈썹 줄 전체 또는 일부가 눈꺼풀의 마이봄샘 입구 또는 입구 바로 뒤에서 자라게 되어 안구를 찌르는 질환이다.

선천적으로 유전되어 발생하는 경우가 있으나 드물고, 후천적으로는 화학적 손상, 흉터 등이 원인이 되기도 한다.

5 속눈썹 구성의 필수 성분

1) 무기질

① 황(S)

섭취량이 부족하면 속눈썹의 노화가 촉진되므로 속눈썹의 노화를 예방하기 위하여 콩, 닭고기, 쇠고기, 생선, 계란, 우유 등을 충분하게 섭취하여야 한다.

② 아연(Zn)

속눈썹을 튼튼하고 윤기나게 만들어 주며 조개, 시금치, 해바라기씨 등을 충분하게 섭취하여야 한다.

③ 요오드(I)

속눈썹의 발생을 촉진시켜주므로 발모를 위하여 해조류를 충분하게 섭취하여야 한다.

④ 철(Fe)

체내함량이 0.004%로 그 기능은 혈색소의 구성성분, 산소운반, 근 수축작용, 호흡효소의 구성성분으로 작용한다. 쇠간, 쇠고기, 굴, 계란, 완두콩, 시금치, 검정콩 등에 많이 함유되어 있다.

⑤ 망간(Mn)

0.0003% 정도 체내에 함유되어 있으며 당질, 단백질, 지질대사에 관여하고 소변의 형성에 관여하고 있다.

2) 비타민

식품 중에 포함되어 있는 비타민, 미네랄은 세포 내 효소의 작용을 돕는 중요한 성분이다. 효소는 세포 내에서 새로운 물질을 합성하거나 분해하여 신진대사에 중요한 역할을 하게 되는데, 이러한 과정을 돕는 미네랄과 비타민이 부족하면 대사과정이 정상적으로 이루어지지 않아, 결과적으로 속눈썹의 탈모를 유도하게 된다.

(1) 지용성 비타민

물에 녹지 않고 지방에 녹는 성질을 가진 것을 지용성 비타민이라고 한다.

구분	명칭	생리작용	부족증	주된 급원
1	비타민A (Retionids, Carotinoids)	① 성장 촉진 ② 상피세포(피부, 점막)의 분화촉진 ③ 속눈썹이 건조하고 부서지는 작용 방지 ④ 시각	① 야맹증 ② 안구건조증 ③ 상피조직의 각질화 ④ 속눈썹 탈락	▪ 녹황색 야채(시금치, 당근, 호박 등), ▪ 간 ▪ 난황 ▪ 장어 ▪ 성게 등
2	비타민D (Cholecalciferol, Ergocalciferol)	① 소장에서 칼슘, 인의 재흡수 촉진 ② 골 생성 촉진 ③ 신세뇨관에서 칼슘, 인의 재흡수 촉진	① 소아에서는 구루병, 성인에서는 골연화증이 됨 ② 충치가 생기기 쉬움 ③ 근육이 처져 배가 나옴	▪ 간류 ▪ 간장 ▪ 난황 ▪ 버터 ▪ 등푸른생선
3	비타민E (Rocopherols, tocotrienols)	① 호르몬의 평형 순환기 작용을 함 ② 근육의 위축방지 ③ 불포화지방에 대한 항산화 작용	① 적혈구 감소증 ② 말초순환기 장애 ③ (과잉 시)위장장애	▪ 소맥 ▪ 면실류 ▪ 난황 ▪ 버터 ▪ 콩류
4	비타민K (Phylloquinone, Meenaquinone)	① 혈액응고에 필요함 ② 포도당 등의 연소에 관계함	① 출혈성 질환(영아) ② 지혈이 늦어지거나 안됨	▪ 양배추 ▪ 시금치 ▪ 간 ▪ 토마토 ▪ 배추

(2) 수용성 비타민

비타민 중에서 물에 용해되는 성질을 가진 것을 수용성 비타민이라고 한다.

구분	명칭	생리작용	부족증	주된 급원
1	비타민B_1 (Thiamin)	① 탄수화물 대사과정에 조효소로 작용 ② 뇌의 중추신경, 사지 말초신경에 적용	① 식욕감퇴, 피로, 체중감소 ② 정신불안, 각기병, 투타발성 신경염	밀 배아, 콩, 마른 새우, 샐러리, 효모, 표고버섯, 돼지고기, 현미 등
2	비타민B_2 (Riboflavin)	① 눈, 피부, 입안의 점막 발육을 도와주고, 정상화 시켜줌	① 구내염 ② 모공이 확대되고, 속눈썹이 쉽게 빠짐 ③ 지방흡수가 저하됨	간, 알, 치즈, 분유
3	비타민B_6 (Pyridoxine)	① 체내의 단백질이나 필수지방산의 이용에 관계함 ② 아미노산 대사조절에 작용함 ③ 만성결핍증은 옥살산뇨(Oxaluria)를 일으켜 신장결석을 가져오기도 함	① 피지분비가 많아지고, 지루성 탈모의 원인이 됨 ② 피부염을 일으키며 충치가 되기 쉬움 ③ 경련	간, 탈지분유, 육류, 생선, 대두, 콩류
4	비타민B_{12} (Cyanoco-balamin)	① 적혈구의 생성을 촉진시킴 ② 단백질의 대사를 도움	① 빈혈, 신경병 ② 악성 거대적혈구 모세포 빈혈	간, 조개류, 탈지분유, 치즈, 육류, 난황
5	비타민C (Ascorbic acid)	① 인체 내의 산화형 물질을 환원형으로 되돌려 산화를 방지하는 항산화 작용을 함 ② 콜라겐 생성을 촉진시켜 골절이나 상처부위 수술 후 빠른 회복에 도움을 줌 ③ 산화형 멜라닌 합성을 저지시키고 철분의 흡수를 촉진함	① 괴혈병 ② 스트레스 증가로 속눈썹을 희게 만듬	엽채류, 피망, 과일, 딸기, 감자

6 눈의 형태별 이미지

표 2-3 눈의 형태별 이미지

눈의 형태	눈의 형태	눈의 형태별 이미지
큰 눈	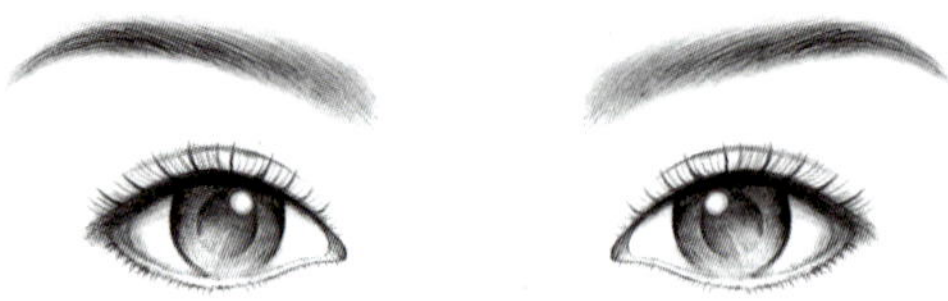	▪ 시원한 ▪ 명랑한 ▪ 선량한 ▪ 화려한 ▪ 사회성이 있는 ▪ 감정이 풍부한
균형잡힌 눈		▪ 신선한 ▪ 발랄한 ▪ 인자한 ▪ 총명한 ▪ 우아하고 고상한 ▪ 너그러운

작은 눈		▪ 조용한 ▪ 귀여운 ▪ 섬세한 ▪ 인내력이 있는 ▪ 통찰력이 있는 ▪ 신경질적인 ▪ 답답한 ▪ 소극적인 ▪ 보수적인
둥근 눈	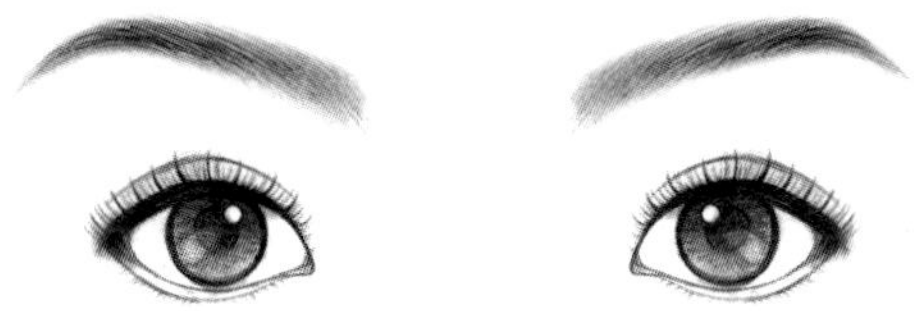	▪ 명랑한 ▪ 밝은 ▪ 놀란 ▪ 불안한 ▪ 공포에 질린
가는 눈		▪ 섬세한 ▪ 냉정한 ▪ 인내력이 있는 ▪ 날카롭고 예리한 ▪ 잔인한
올라간 눈		▪ 날카로운 ▪ 예민한 ▪ 기민한 ▪ 냉정한 ▪ 주관적인 ▪ 거만한 ▪ 적극적인 ▪ 고집스러운
내려간 눈		▪ 온순한 ▪ 순진한 ▪ 우울한 ▪ 비굴한 ▪ 미숙한 ▪ 부드럽고 사랑스러운

나온 눈		▪ 표현능력이 뛰어난 ▪ 고집스러운 ▪ 통명스러운 ▪ 심술궂은
들어간 눈		▪ 성숙한 ▪ 섬세한 ▪ 부드러운 ▪ 침착한 ▪ 현대적인 ▪ 피곤한 ▪ 나이가 들어보이는
넓은 눈		▪ 대범한 ▪ 낙천적인 ▪ 너그러운 ▪ 밝은 ▪ 적극적인 ▪ 개방적인 ▪ 사교적인
좁은 눈	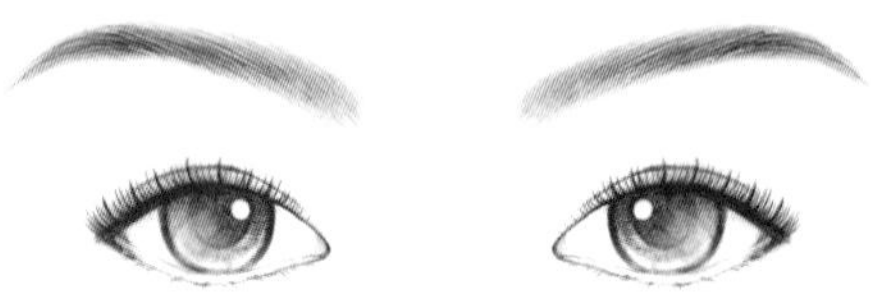	▪ 소극적인 ▪ 섬세한 ▪ 재능있는 ▪ 답답한 ▪ 질투심이 있는 ▪ 신경질적인 ▪ 편협적인 ▪ 예리한 ▪ 인색한
쌍꺼풀 눈		▪ 감수성이 풍부한 ▪ 성숙한 ▪ 노련한 ▪ 활발한 ▪ 서구적인 ▪ 현대적인

외겹 눈		▪ 단순한 ▪ 깔끔한 ▪ 신뢰성 있는 ▪ 청순한 ▪ 내향적인 ▪ 냉정한 ▪ 고집스러운

Chapter 3

속눈썹의 역사

Chapter 03
속눈썹의 역사

21세기 들어 언론, 방송, 공연 등을 통해 쉽게 접하는 연예인들의 의상이나 메이크업을 따라 하는 경향이 두드러짐에 따라, 20세기 말까지만 해도 보기 드물었던 인조 속눈썹을 붙인 일반 여성들이 길거리를 활보하는 시대에, 또한 다양한 제품과 풍부한 지식으로 인조 속눈썹이나 연장술의 보급이 보편화된 시대에 이르렀다.

아이 메이크업의 역사는 아주 오래된 것으로 고대 이집트의 여성들은 눈꺼풀과 속눈썹을 검정으로 진하게 칠하여 눈이 커 보이는 효과를 얻었고 그리스의 여성들은 쥐 털로 인조 속눈썹을 달아 눈을 강조했다. 그러나 속눈썹 미용이 기술이나 유행이라는 말을 사용할 정도가 되기까지는 19세기 후반에 들어설 때까지 꽤 오랜 세월이 흘러야 했다.

1 의료 차원의 속눈썹 이식수술

1897년에 만성적으로 눈을 자극하여 염증을 유발하는, 벗어나 자라는 속눈썹을 옮겨 심는 이식수술(transplants)이 처음 시도되었으며, 100년이 더 지난 2009년에는 마이크로 수술기법을 이용해 환자 자신의 모발을 이식하는 수술이 성공적으로 치러졌다. 이러한 속눈썹 이식수술은 속눈썹 탈모증으로 고통 받는 이들을 위해 의료차원에서 시행되고 있지만, 성형외과의들이 집도하는 미용차원의 이식수술도 점차 늘어가는 추세이다.

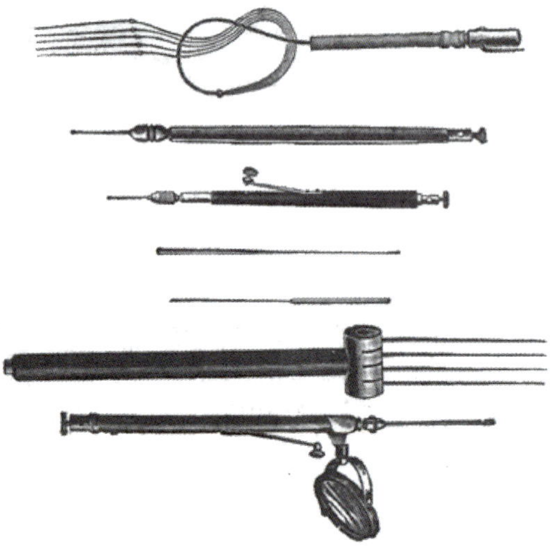

그림 3-1 전기분해요법 도구

2 19세기 후반 : 인조 속눈썹의 등장

인조 속눈썹은 19세기 후반에 이미 프랑스 파리와 영국 런던 등 대도시들에서 널리 사용되었다.

이 시기의 인조 속눈썹 부착 방식은 일명 '속눈썹 꿰매기(sewing in eyelashes)'와 '스트립 래쉬(strip lashes)'의 두 가지가 있었다. 속눈썹 꿰매기는 눈꺼풀에 머리카락을 직접 꿰매어 바느질하는 방식으로 마취없이 시술되어 고통스럽고 위험해서 여론도 좋지 않았고 이식 성공율도 낮아 시술도 흔한 편이 아니었다고 한다.

스트립 래쉬 기법은 가는 천 조각에 사람의 모발을 엮어 붙인 다음 뒷면에 글루를 발라 눈꺼풀에 붙이는, 좀 더 안전하고 편리한 방식으로, 적어도 1870년대 초부터 이용했던 것으로 보인다.

스트립 래쉬 기법을 개발한 사람들은 가발 제조업자들과 헤어 디자이너들이었다. 그들은 당시에 유행한 다양한 종류의 헤어피스를 활용하여 연극배우들뿐만 아니라 일반 고객을 위한 눈썹과 구레나룻, 콧수염 등을 만들었는데, 붙이는 인조 속눈썹도 이들이 개발하고 개선한 발명품의 하나였다.

대표적인 인물로는 무대의상 디자이너이자 가발제조업자로 유명한 윌리 클락슨(Willy Clarkson)을 들 수 있다.

3 1900~1920년대 : 인조 속눈썹의 유행과 쇠퇴

퍼머넌트 웨이브 고안자로 유명한 독일의 칼 네슬러(Karl Ludwig Nessler)가 1902년 영국 런던에서 '인조 눈썹과 속눈썹 등의 제조를 위한 새롭거나 개선된 기법과 방법'이라는 제목의 특허를 신청한 내용이 인조 속눈썹에 관한 가장 오래된 공식기록이다.

인조 속눈썹 특허를 낸 칼 네슬러는 1903년 경 물고기 부레를 스트립으로 활용한 속눈썹과 뒤이어 검정에서 갈색에 이르는 다양한 색상의 속눈썹을 출시하여 20세기 초 인조 속눈썹의 역사에 획을 그었으며, 1차 세계대전 때문에 영국에서 쫓겨나 미국으로 이주한 후에도 개량된 인조 속눈썹으로 명성을 드높였다.

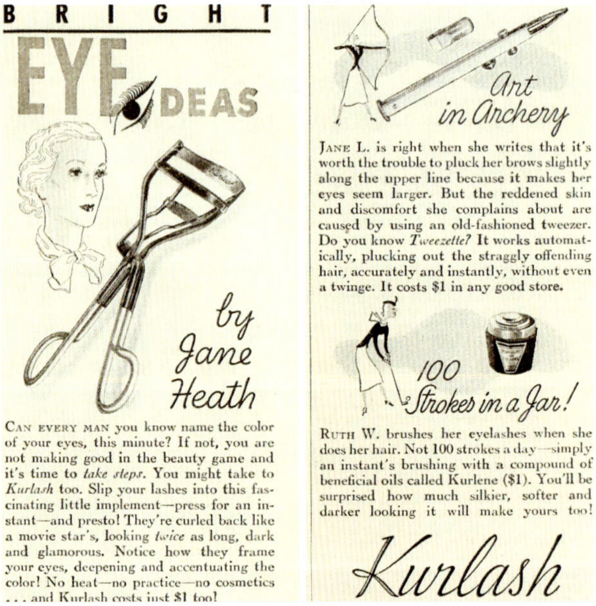

그림 3-2 kurlash(1942년)

20세기 초 인조 속눈썹의 역사는 할리우드가 대표하는 미국의 영화산업과 함께 발전했다. 미국의 영화감독 그리피스(D.W. Griffith)가 1916년 무성영화 인톨러런스(intolerance) 촬영 시 가발제조업자에게 의뢰해 여배우 시너 오웬(Seena Owen)의 눈꺼풀에 풀칠을 하고 사람의 모발을 붙인 미세거즈를 붙이도록 한 것이 인조 속눈썹의 유행을 알리는 시작이었고, 메이크업 용어를 보편화시킨 맥스 팩터(Max Factor)나 영화 메이크업 분야를 개척한 웨스트모어(G. Westmore) 같은 메이크업 아티스트들이 이 유행을 널리 퍼트렸다.

이 시기에 인조 속눈썹에 대한 수요가 늘어남에 따라 맥스 팩터사(Max Factor Company) 같은 화장품 제조업체들이 인조 속눈썹을 공급하기 시작했다. 인조 속눈썹 키트는 부레풀, 실크, 거즈, 살색 망사 등의 재료에 인조모, 자연모발, 양모 등을 접착해 만든 속눈썹과 눈꺼풀에 스트립을 접착하는 글루로 구성되었다. 윌리엄 벨듀(William Beldue)가 발명한 속눈썹 정리기구인 아이래쉬 컬러(eyelash curler, kurlash)는 잘못 정렬된 속눈썹을 수정하는데 아주 편리한 도구로 사용되었다. 그러나 유행을 지속시킬만한 뚜렷한 경향이나 새로운 제품이 나오지 않는 가운데 2차 세계대전이 발발함에 따라 인조 속눈썹의 유행은 퇴조하고 말았다.

4 1930-1940년대 : 속눈썹 연장술의 등장과 발달

한편 1930년대에 고객의 눈썹에 직접 인조털을 하나씩 붙이는 서비스, 즉 오늘날의 속눈썹 연장 서비스를 제공하는 살롱들이 생겨났다. 이 서비스를 받은 그레타 가르보(Greta Garbo)나 마를린 디트리히(Marlene Dietrich)의 인기에 힘입어 미를 추구하는 부유하거나 특수층 여성들 사이에서 유행하였는데, 인조 속눈썹을 부착하는 기존의 방식을 일부 대체하였다.

속눈썹 연장 용품은 특수 검, 소형 튜브, 속눈썹박스, 작은 원형 용기, 긴 핀셋, 속눈썹 브러시, 큐티클 가위 등으로 구성되었다.

속눈썹을 연장하는 방식은 눈썹이 약간 무겁게 느껴지는 점을 제외하고는 인조 속눈썹을 부착하는 방식에서 드러나는 속눈썹이 떨어지거나 숱이 줄어드는 문제점을 해소해주었다.

5 1950~60년대 : 인조 속눈썹 유행의 절정기

1950년대에 새로운 재료가 도입되어 인조 속눈썹 제조에 획기적인 발전이 이루어지고, 메이크업의 포인트를 눈에 집중시키는 시대 분위기가 작용하여, 인조 속눈썹은 다시 각광을 받기 시작하였다. 인모나 모피, 밍크를 재료로 한 고가의 제품뿐만 아니라 합성 재료를 사용한 저가의 다양한 제품이 공급되어 선택의 폭을 넓혔다. 합성 재료로 만든 인조 속눈썹은 빠르게 확산되어 1960년대에 더욱 인기를 끌었으며, 특히 영화배우들에게 인기가 높았다.

합성 속눈썹은 저렴하지만 컬의 모양을 미리 잡기 힘들고 부착 후 다듬을 수 없다는 단점이 있는 반면에 인모로 만든 인조 속눈썹은 비싸지만 더 유연하고 부착 후 컬이 가능하다는 특성이 있었다. 모피 털을 활용한 속눈썹은 무겁고 더운 편이라 추운 시기나 저녁시간에 이용하는 게 유리했다.

그림 3-3 트위기

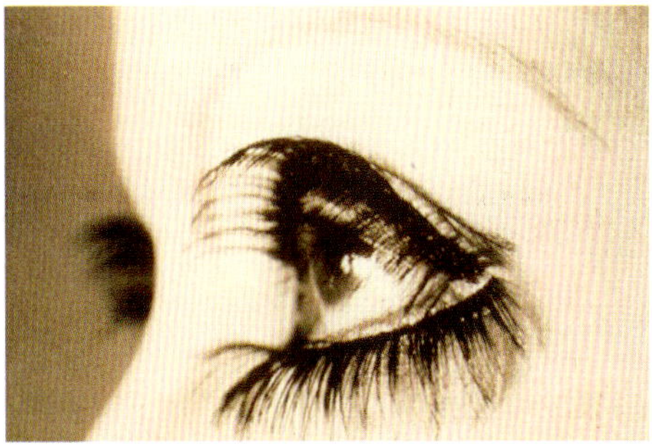

그림 3-7 Umbrella(1969)
-슈에무라의 속눈썹

1968년 한 해에 이천만 장 이상의 인조 속눈썹이 미국에서 팔렸으며, 루브 래쉬(Luv Lashes), 아이루어(Eylure) 등의 인조 속눈썹 전문 업체들뿐만 아니라 레브론(Revlon), 맥스팩터와 같은 기존의 화장품 제조업체들도 인조 속눈썹 시장에서 치열한 경쟁을 벌였다. 이들 업체들은 길이, 두께, 스타일, 컬러 면에서 다양한 제품들을 공급했으며, 젊은 여성들을 집중적으로 공략하는 광고전을 펼쳤다. 인조 속눈썹 시술은 집에서도 가능했지만 뷰티살롱이나 그 당시 유행한 속눈썹 바(Lash Bars)를 이용하는 여성들이 많았다.

한편, 일본의 경우 2차 세계대전 이후 인조 속눈썹 제품이 처음 출시되었는데, 눈 화장에 관심이 많은 게이샤들이 주요 고객이었다. 게이샤들은 제품이 나오기 전에 자신의 모발로 직접 만든 속눈썹을 사용했던 것으로 보인다. 특정집단에 한정되었던 인조 속눈썹이 일반인들에게 널리 보급되기 시작한 계기는 할리우드에서 활동하던 일본 최초의 남성 메이크업 아티스트 우에무라 슈가 1964년에 귀국하여 슈에무라(Shu Uemura) 화장품회사를 세우고 나서였다. 그는 속눈썹이 짧은 일본여성들에게 걸맞은 제품을 고안하여 인조 속눈썹의 유행에 큰 몫을 했다.

6 1970년대 이후

1970년대에 들어서 자연주의 경향을 띤 패션 트렌드의 영향으로 60년대에 큰 인기를 얻었던 인조 속눈썹의 유행은 마스카라를 활용하여 속눈썹을 연장하는 정도로 시들해졌고 이러한 경향은 20세기가 끝나갈 때까지 지속되었다.

반면 1970년대 일본에서는 유럽의 패션이 유행함에 따라 인조 속눈썹의 인기가 더했으나, 80~90년대에 소강상태를 보였다. 90년대 후반 갸루(girl) 패션의 영향으로 여고생들의 인조 속눈썹 사용이 증가하였으며 이러한 경향은 일반 여성들에게까지 널리 확산되었다.

21세기에 들어서면서 진일보한 재료와 기술, 메이크업에 대한 일반인들의 관심 증가 등의 다양한 요인들이 작용하여 인조 속눈썹에 대한 관심이 점점 증가하는 추세이다. 정기적으로 인조 속눈썹을 부착하는 여성들이 늘어나고 있으며, 질병으로 인해 속눈썹을 잃거나, 풍성한 속눈썹을 원하는 여성들도 인조 속눈썹의 도움에 의지하게 된다. 또한 보석이 박히거나 금, 은 또는 깃털 등으로 장식한 화려한 인조 속눈썹이 출시되어 다양한 인조 속눈썹에 대한 소비자들의 욕구를 채워주고 있다.

그림 3-8 메이블린 마스카라 광고

그림 3-9 메이블린 마스카라

7 한국의 속눈썹 연장 산업(1990년대 이후)

1990년대에 내추럴 풍의 메이크업이 세계적으로 유행함에 따라 국내에서도 내추럴 컬러와 자연스러운 이미지를 추구하는 경향이 나타났다. 또한 길고 풍성하면서도 자연스러워 보이는 속눈썹을 선호하는 한국여성들의 성향이 작용하여, 기존의 마스카라와 스트립 속눈썹 대신 가속눈썹을 붙이는 속눈썹 연장술이 등장하였다. 초기의 속눈썹 연장술은 외국에서 수입된 9개짜리 속눈썹 연장이었으나, 2003년에 처음 한 올 한 올 붙이는 수작업 속눈썹 연장술이 한국에서 개발되었다.

2003년 당시의 가속눈썹은 인모원사를 소독 처리하여 만든 컬로 이루어졌다. 물론 지금처럼 다양한 컬은 없었고, 컬의 길이도 7mm, 9mm, 11mm, 13mm로 한정되었다. 차츰 다양한 재료를 사용한 수작업 용 인조 속눈썹이 나오면서 컬도 다양해졌다.

2002~2003년 국내 패션잡지들에 속눈썹 성형(속눈썹 이식) 수술 광고가 줄을 이었고 속눈썹이 짧은 여성들은 자신의 머리카락을 옮겨 심는 속눈썹 이식수술을 열망하였다. 그러나 속눈썹 이식술은 이점보다 단점이 많아 이들의 열망을 잠재우는데 오래 걸리지 않았다. 이식한 속눈썹이 머리카락처럼 계속 자라 매번 잘라야 했고, 처진 속눈썹이 시야를 가려 속눈썹 펌을 해야 했다. 게다가 속눈썹 이식의 성공률이 50%(100개 이식하면 약 50개가 생존)를 넘지 못해 풍성한 속눈썹을 기대할 수 없었다.

따라서 수작업 속눈썹 연장술이 여성들이 더욱 선호하는 시술로 부각되기 시작했다. 2003년 속눈썹 연장술의 시술가격은 60만원이었다. 속눈썹 연장술을 배워 고객의 가정 방문 연장시술만으로 월 수익을 1000만원 넘게 올린 화장품 방판사원도 있었다. 급속도로 시술자 수요가 증가함에 따라 가격경쟁력으로 시술가격도 떨어져 10만원 대에 이르렀다. 현재 연장시술 가격대는 3~10만 원 정도로 형성되어 있다. 시술 대상 고객층도 10~60대를 아우를 정도로 다양해졌다.

또한 2010년을 전후하여 미용실, 피부관리실, 네일관리실 등 뷰티 관련 업계가 속눈썹 연장술을 접목 아이템으로 삼아 관심을 쏟기 시작함에 따라 대중적인 인기 아이템으로 부상하는데 크게 기여했다.

한편, 한 올 한 올 심는 속눈썹 연장술은 미세하고 복잡한 작업이라 시술에 시간이 많이 걸려 고객과 시술자 모두 힘들다는 단점이 있었다. 시간이 경쟁인 시대에 고객도 편하고 시술자도 편하게 짧은 시간에 시술 가능한 기기의 필요성이 대두되었다. 이런 요구가 현실화 되어 2004년에 1차 개발, 2008년에 2차 개발과 임상을 거쳐 10년 만에 세계 최초로 한국에서 스피드 속눈썹 연장기기가 개발되었다.

오랜 시행착오를 거쳐 완성된 스피드 속눈썹 연장기기는 초보자도 한 달만 연습하면 20~30분 만에 속눈썹 연장 시술을 할 수 있고 시술을 받는 고객도 짧은 시간에 편하게 시술을 받을 수 있는 속눈썹 연장 보조기구이다. 원하는 볼륨과 컬, 모양에 따라 다양한 연출이 가능하여 국내 뷰티산업의 획기적인 아이템으로서 국경을 넘어 세계적인 뷰티산업 발전에 기여할 것이다.

2013년 국내외로 스피드 속눈썹 연장기기를 알리기 시작하여 2014년 현재 기기를 이용한 스피드 속눈썹 연장술은 세계적 관심 대상으로 자리 잡았으며, 앞으로 전 세계 속눈썹 시장에서 뷰티한류 성장에 한몫을 할 것이다. 속눈썹 연장술은 뷰티산업 전 업종에 접목 가능한 아이템으로서 강점이 있다. 또한 국내에서 개발된 스피드 속눈썹 연장 기기, 속눈썹 원사, 속눈썹 접착제 등 다양한 제품들이 세계적인 흐름을 선도할 것이다.

Chapter 4

속눈썹 연장

Chapter 04
속눈썹 연장

1 속눈썹 연장 기기 및 도구

1) 스피드 속눈썹 연장기기 (Speed eyelash extensions device)

스피드 아이-링크(Speed Eyelash-Link)는 세계 최초의 속눈썹 연장기기 발명 특허품으로 '속눈썹을 빠르게 연결한다'는 의미를 갖고 있으며 기존의 1~2시간 정도 걸리는 속눈썹 연장 및 증모 시간을 20~30분 정도로 단축·완성시키는 속눈썹 연장기기이다.

스피드 아이링크 (Speed Eyelash-Link)	특 징

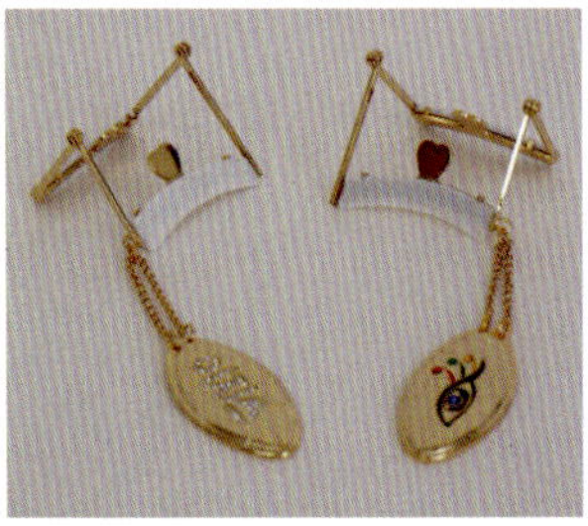

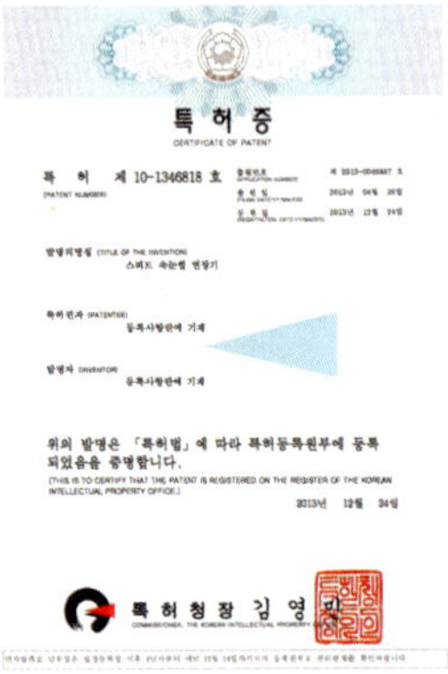

특 허 증
CERTIFICATE OF PATENT
특 허 제 10-1346818 호
(PATENT NUMBER)
발명의 명칭 (TITLE OF THE INVENTION)
스피드 속눈썹 연장기
특허권자 (PATENTEE)
등록사항란에 기재
발명자 (INVENTOR)
등록사항란에 기재
위의 발명은 「특허법」에 따라 특허등록원부에 등록되었음을 증명합니다.
(THIS IS TO CERTIFY THAT THE PATENT IS REGISTERED ON THE REGISTER OF THE KOREAN INTELLECTUAL PROPERTY OFFICE.)
2013년 12월 24일
특 허 청 장 김 영 민

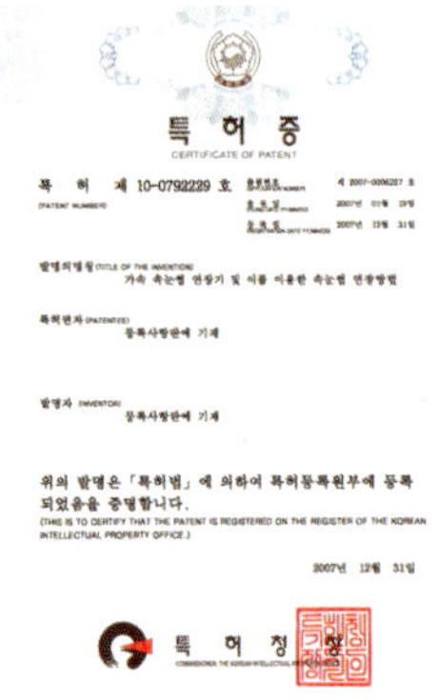

특 허 증
CERTIFICATE OF PATENT
특 허 제 10-0792229 호
(PATENT NUMBER)
발명의 명칭 (TITLE OF THE INVENTION)
특허권자 (PATENTEE)
등록사항란에 기재
발명자 (INVENTOR)
등록사항란에 기재
위의 발명은 「특허법」에 의하여 특허등록원부에 등록되었음을 증명합니다.
(THIS IS TO CERTIFY THAT THE PATENT IS REGISTERED ON THE REGISTER OF THE KOREAN INTELLECTUAL PROPERTY OFFICE.)
2007년 12월 31일
특 허 청

1. 스피드 속눈썹 연장기기

속눈썹 기기 판의 홈을 이용하여 속눈썹을 15~20개 분리하거나 분리솔을 이용하여 신속하게 속눈썹을 분리하여, 속눈썹을 신속하게 연장할 수 있다.

2. 인체공학적 미학 디자인

얼굴의 면과 눈썹 결을 360도로 분석하여, 자유각도로 얼굴 면에 맞게 조절할 수 있는 인체공학적인 디자인이다. 또한 섬세한 자연속눈썹에 어울리게 설계되어 속눈썹 시술을 용이하게 한다.

3. 신소재

첨단 신소재를 채택하여 속눈썹 연장에 필수인 속눈썹 접착제가 묻어도 쉽게 제거할 수 있고 반영구적으로 사용할 수 있다.

4. 눈의 건강과 아름다움을 동시에 실현

시술시 반대쪽 눈두덩 위에 순수 비취옥을 올려놓아 지압의 효과를 줌으로써 눈의 피로를 풀어준다.

5. 국내 최초, 세계 최초의 속눈썹 연장기기 발명품

세계 최초의 속눈썹 연장기기 발명품으로 제품 및 기술의 방법까지 특허되어 있다.

2) 분리솔(Separation brush)

분리솔은 속눈썹 연장기기 사용 시 연장하고자 하는 속눈썹을 속눈썹의 결을 따라 10~20개 정도로 분리하는 보조도구로 부드러운 소재라 자유롭게 구부렸다 펼 수 있다. 그리고 솔 부분만 교체할 수 있어 위생적이고 실용적이다.

분리솔 (separation brush	특 징
	▪ 2~4열로 이루어져 연장하기 불편한 속눈썹을 연장할 부분만 분리솔을 이용하여 분리시킬 수 있다. ▪ 솔 부분은 속눈썹 구조에 적합한 모양을 만들 수 있도록 미세하게 되어 있어 속눈썹 분리와 정리, 속눈썹 연장 및 제거까지 사용의 용도가 다양하다.

3) 보조봉(Auxiliary rod)

나무로 만들어진 뾰족한 보조봉은 섬세한 작업 시 속눈썹을 분리하거나 지탱할 때 사용한다.

보조봉 (auxiliary rod)	특 징
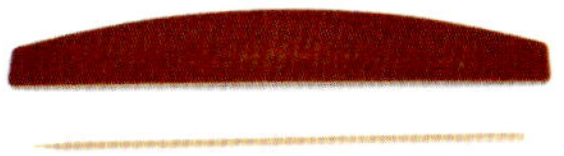	▪ 속눈썹의 성분은 단백질로 되어 있어 정전기가 발생된다. 나무스틱의 보조봉은 속눈썹을 연장하는 과정에서 컬상태의 유지를 도와주며 속눈썹 분리 시 공간에 보조봉을 이용하여 보충시켜 준다. ▪ 보조봉의 끝부분은 파일을 이용하여 면을 뾰족하게 만들어 사용하면 좋다. 뾰족한 면의 길이는 3~5 cm 정도의 길이에서부터 파일을 이용하면 된다.

4) 핀셋(Tweezers)

(1) 핀셋의 종류

핀 셋	특 징
▪ 특수 X 핀셋(special X tweezers) 	▪ 특허디자인 개발상품으로 속눈썹을 위생적으로 하나씩 섬세하게 잡아 고정시키는 도구이며 속눈썹을 연장하고 증모할 때 사용되는 핀셋이다.
▪ 일자 핀셋(straight tweezers) 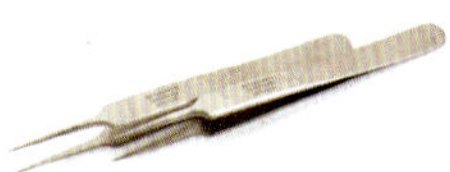	▪ 끝이 예리하고 좁으며 속눈썹과 가속눈썹을 분리하거나 제거할 때, 또는 섬세한 작업에 일반적으로 사용하는 핀셋이다.
▪ 곡선 핀셋(curve tweezers) 	▪ 수작업으로 속눈썹을 연장하고 증모할 때 사용하는 핀셋이다.

(2) 핀셋의 사용 비교

핀 셋	특 징
▪ 특수 X 핀셋(special X tweezers) 	▪ 기존 핀셋의 경우 가속눈썹 한 올을 핀셋으로 잡은 뒤 착지까지 손에 힘을 주어야 하는 반면, 특수 X핀셋은 스스로 원사를 잡아주므로 많은 고객을 시술하여도 어깨의 결림이 적고 시술자의 근육에 무리를 주지 않아 편안하게 시술할 수 있으며 손의 피로를 현저히 낮출 수 있다는 특징이 있다. ▪ 각도 조절이 용이하여 속눈썹 방향과 상관없이 작업할 수 있다.
▪ 일자 핀셋(straight tweezers) 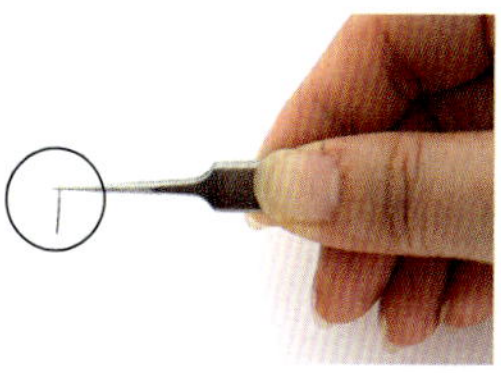	▪ 원사를 손가락의 힘으로 잡고 있어야 하므로 근육이 뭉쳐 피로가 빨리 온다. ▪ 정기적으로 근육을 풀어주어야 한다. ▪ 속눈썹 앞부분과 끝부분의 연장작업 시 모류 방향에 따른 작업 범위의 한계가 있다.
▪ 곡선핀셋(curve tweezers) 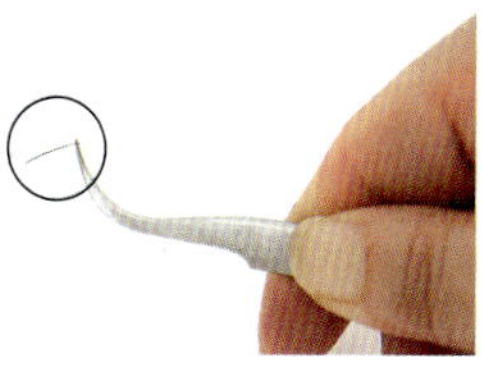	▪ 수작업으로 연장 시 일자핀셋으로 작업하기 힘든 속눈썹의 앞부분, 끝부분에 대한 작업이 용이하다. ▪ 손가락의 힘으로 원사를 잡고 있어야 하므로 근육이 뭉쳐 피로가 빨리 온다. ▪ 정기적으로 근육을 풀어주어야 한다.

5) 글루(Glue)

가속눈썹을 한 올 한 올 붙이기 위해 사용하는 속눈썹 연장 전용 화학접착제로 반드시 인증을 받은 접착제를 사용하여야 한다. 사용 전 흔들어서 글루의 내용물을 잘 섞은 다음, 글루 팔레트에 소량 덜어 사용한다. 사용하지 않을 때에는 반드시 글루의 뚜껑을 닫아두어야 하며, 덥고 습한 장소에 보관해서는 안 된다.

속눈썹 연장 상태를 오래 지속시킬 의도로 인증 받지 않은 강한 글루를 사용하면 위험하므로 절대 사용하지 말아야 한다.

(1) 글루의 성분

속눈썹 연장 전용 화학 글루의 주성분은 아크릴레이트 흑색이다. 화학 글루는 시아노아크릴계이며 공기 중의 산소와 수분이 결합하면서 경화된다. 모든 화학 글루는 1차 경화과정에서 포름알데히드가 나오며 경화 후에는 나오지 않는다. 그러므로 인증된 화학 글루라 해도 시술 중에 눈을 뜨면 눈 건강에 좋지 않다.

글루의 경화는 1차 경화, 2차 경화로 나누어진다. 1차 경화는 접착의 단계이며 2차 경화는 고정의 단계이다. 1차 경화 시간은 글루에 따라 차이가 있어 약 4~5초부터 시작되며, 2차 경화는 24시간 정도가 소요된다.

(2) 글루의 종류

글 루	특 징
▪ 천연글루(natural glue)  	▪ 천연글루는 교육용으로 개발된 접착제로 안전하여 한사람에게 여러 번 작업할 수 있으며, 물에 적신 면봉이나 솜을 이용하여 간단하게 떼어낼 수 있다. ▪ 시아노아크릴계 성분이 아니므로 자극이 없어 눈을 뜬 상태에서도 연습이 가능하여 시연을 하거나 속눈썹 연장 교육용으로 적합한 접착제이다.
▪ 화학글루(속눈썹 접착제(chemical glue)  	▪ 속눈썹 접착제는 속눈썹 연장 시 사용하는 인증된 접착제로 연장된 속눈썹을 2~4주 정도 유지시켜 준다. ▪ 고객의 속눈썹 상태나 관리 방법에 따라 유지기간의 차이가 난다.

인증글루 인증서	특 징
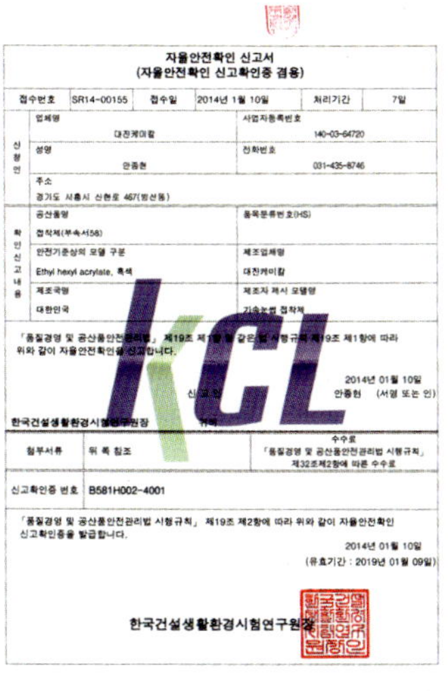	품질경영 및 공산품 안전 관리법에 의거 한국건설 생활환경시험연구원에서 안전인증을 받은 KC 안전인증 가속눈썹 접착제이다. 속눈썹 접착제 글루는 반드시 인증글루를 사용한다.

자율안전확인 신고서
(자율안전확인 신고확인증 겸용)

접수번호	SR14-00155	접수일	2014년 1월 10일	처리기간	7일

신청인	업체명: 대진케미칼	사업자등록번호: 140-03-64720
	성명: 안종현	전화번호: 031-435-8746
	주소: 경기도 시흥시 신현로 467(방산동)	
확인신고내용	공산품명: 접착제(부속서58)	품목분류번호(HS)
	안전기준상의 모델 구분: Ethyl hexyl acrylate, 흑색	제조업체명: 대진케미칼
	제조국명: 대한민국	제조자 제시 모델명: 가속눈썹 접착제

「품질경영 및 공산품안전관리법」 제19조 제1항 및 같은 법 시행규칙 제19조 제1항에 따라 위와 같이 자율안전확인을 신고합니다.

2014년 01월 10일
신고인 안종현 (서명 또는 인)

한국건설생활환경시험연구원장 귀하

첨부서류	뒤 쪽 참조	수수료: 「품질경영 및 공산품안전관리법 시행규칙」 제32조제2항에 따른 수수료
신고확인증 번호	B581H002-4001	

「품질경영 및 공산품안전관리법 시행규칙」 제19조 제2항에 따라 위와 같이 자율안전확인 신고확인증을 발급합니다.

2014년 01월 10일
(유효기간 : 2019년 01월 09일)

한국건설생활환경시험연구원장

(3) 글루 사용 시 주의사항

속눈썹 연장에 있어서 가장 주의해야 하는 것이 속눈썹 연장 글루이다.

속눈썹 연장의 목적은 속눈썹을 길게, 풍성하게, 아름답게 하는 것이 목적이나, 눈의 건강을 항상 염두에 두어야 한다. 글루로 인해 피부가 붓거나 가려우면 작업을 중단해야 한다.

글루가 눈에 들어가면 식염수나 찬물로 응급처치를 하고 의사의 진단을 받아야 한다.

글루의 보관 및 주의 사항

- 자외선이 많고 습도가 높은 (70% 이상) 곳에 장기간 보관 시 글루의 자연경화 현상이 발생하기 때문에 글루 사용 후 뚜껑을 꼭 닫아야 하고 사용하지 않을 때에는 종이에 싸서 건냉암소에 보관하여야 한다.
- 사용 후 노즐부에 묻은 글루를 잘 닦은 다음 뚜껑을 닫아야 한다.
- 화기 주변에서는 절대 사용을 삼가해야 한다.
- 시술시 눈에 들어가지 않게 주의해야 한다.
- 속눈썹 연장 용도 이외의 사용은 삼가해야 한다.
- 글루 강화제(프라이머)와 함께 보관하지 말아야 한다.

6) 글루 리무버(Glue remover)

- 연장한 속눈썹을 제거하거나 글루를 제거하는데 사용하는 리무버이다.
- 연장한 가속눈썹을 제거하는데 사용한다.
- 작업 시 눈에 들어가거나 피부에 닿지 않도록 주의를 기울여 사용한다.

글루 리무버	특 징
▪ 액상 타입 	▪ 속눈썹 연장기기 판에 묻은 글루를 닦아내는데 사용하거나, 연장한 속눈썹을 제거하고자 할 때 사용한다. ▪ 고객이 앉은 상태에서 작업하여야 하며, 눈에 들어가거나 피부에 닿지 않게 주의하여야 한다.
▪ 젤 타입 	▪ 고객을 눕혀놓고 작업할 수 있으나, 눈에 들어가지 않도록 주의하여야 한다. 피부에 묻지 않도록 주의한다.
▪ 크림 타입 	▪ 고객이 누운 상태에서 작업할 수 있어 고객과 시술자 모두에게 편리하다. 피부에 묻지 않도록 주의한다.

7) 재생 클리너(Play cleaner)

속눈썹 연장기기를 사용한 후 속눈썹 연장 지지대 판에 붙은 이물질이나 글루를 액상 리무버로 제거한 후 재생 클리너를 뿌려서 위생, 소독 처리하여 깨끗한 상태를 유지 보관한다.

재생 클리너	특 징
	▪ 속눈썹 연장기기 판을 깨끗하게 소독하고 기기 판을 코팅하기 위해 사용한다. ▪ 연장 후 지지대 판에 글루가 묻었을 경우 리무버를 바르고 2분 정도 지난 다음 티슈로 닦아낸다. 그리고 재생 클리너를 분사한 후 깨끗한 면이나 부드러운 타올로 닦아낸다.

8) 패치(Patch)

- 속눈썹 연장 시 아래 속눈썹이 위 속눈썹에 붙지 않도록 커버하기 위해 사용한다.
- 아래 속눈썹에 패치를 붙여 아래 속눈썹과 위 속눈썹이 붙지 않도록 한다. 피부 알러지가 있는 경우 점착성분으로 인해 가려움을 느낄 수 있다. 피부가 예민한 사람은 점도를 낮추어 사용하는 것이 좋다.

패 치	특 징
▪ 위생 테이프 	▪ 의료용 위생 테이프를 사용하는 것이 좋다. ▪ 고객의 눈 길이에 맞게 잘라서 사용한다. ▪ 위생 테이프 고정판을 만들어 미리 작업해 두고 사용하면 테이프의 점도가 약해져서 편리하게 사용할 수 있다.
▪ 속눈썹 고정 테이프 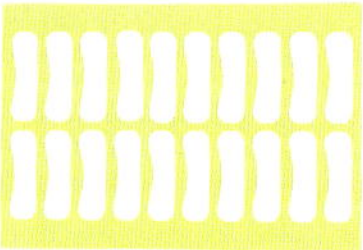	▪ 땅콩 모양의 아랫눈썹 전용 패치로 사용하기 편리하다.
▪ 아이 패치 	▪ 피부가 예민한 사람은 피부 보습제가 있는 아이패치를 사용하는 게 좋다.

9) 팔레트(Palette)

팔레트	특 징
▪ 옥돌 	▪ 천연 접착제를 덜어서 사용했을 경우 물에 씻어 주면 된다. ▪ 화학 글루 사용 시 호일이나 글루시트를 옥돌에 올려 사용한 다음 호일이나 글루시트만 버린다.
▪ 크리스탈 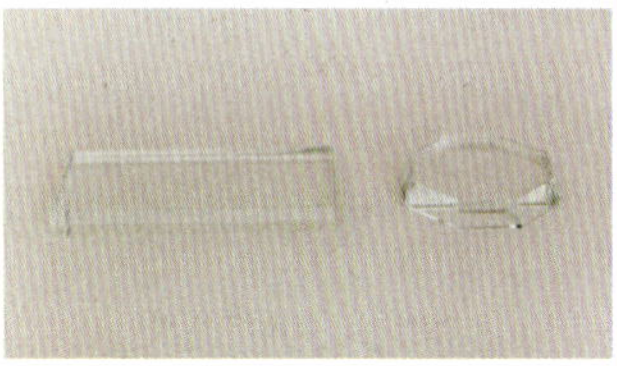	▪ 천연 접착제를 덜어서 사용했을 경우 물에 씻어 주면 된다. ▪ 화학 글루 사용 시 호일이나 글루시트를 옥돌에 올려 사용한 다음 호일이나 글루시트만 버린다.
▪ 종이 팔레트 	▪ 코팅 종이 또는 투명 화일(polypropylene, 폴리프로필렌)을 잘라 일회용으로 만들어서 사용할 수 있다.

10) 속눈썹 가위(Eyelash scissors)

속눈썹 4열을 제거할 때 사용한다. 속눈썹 전용 가위를 사용하여야 한다.

사 진	특 징
▪ 속눈썹 가위 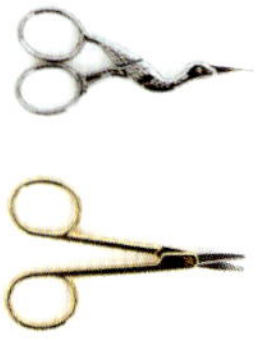	▪ 전용 가위를 사용하여 속눈썹 4열을 제거한다. 4열 제거 후에는 속눈썹 라인이 선명해지고 눈매도 또렷해진다. ▪ 사람에 따라 0~5개 정도 분포되어 있다.

11) 속눈썹 건조기(Eyelash dryer)

속눈썹 건조기	특 징
▪ 속눈썹용 건조 드라이기 	▪ 속눈썹 전용 미니 드라이기로 냉풍을 사용하여야 하며 너무 가까운 위치보다 가슴 정도의 위치에서 속눈썹을 건조시키는 것이 좋다. 이때 코에 바람이 들어가지 않도록 하여야 한다.
▪ 손풍기 	▪ 손풍기는 건전지로 작동되므로 작업장소와 상관없이 사용할 수 있다. ▪ 종류가 다양하며 조명이 장착된 것도 있다.
▪ 송풍기 	▪ 바람 주입 시 고무냄새로 불쾌할 수 있으므로 사용 시 주의하여야 한다.

12) 가속눈썹 (False eyelash)

일반적으로 속눈썹 연장 시 사용하는 가속눈썹은 상안검용이 8mm~13mm이고, 언더래쉬용이 5mm~6mm이다.

가속눈썹	특 징
 8mm	▪ 상안검에 사용되는 가속눈썹의 길이는 대체로 8mm~ 13mm이며, 고객의 요구에 따라 0.07데니아~0.2데니아를 선택하여 시술한다.
 9mm	
 10mm	
 11mm	
 12mm	
 13mm	

13) 전처리제(Pretreatment)

- 속눈썹은 노폐물 배출과 이물질로부터 눈을 보호하는 기능을 가지고 있다. 따라서 속눈썹을 연장하기 전에 고객의 속눈썹에 붙어있는 노폐물과 먼지 등을 제거하는 전처리작업이 필요하며 이때 사용하는 것이 전처리제이다.
- 전처리제를 사용하여 전처리작업을 마친 다음 깨끗한 속눈썹에 붙여 연장을 하면 가속눈썹의 지속력이 높아진다.

전처리제	특 징
▪ 액상용 	▪ 거즈나 면봉에 묻혀 속눈썹의 이물질을 닦아낸다.
▪ 패드 타입 	▪ 패드에 전처리제가 묻어있는 타입으로 한 장씩 꺼내 사용하면 된다.

14) 기타 재료

(1) 마이크로 면봉

마이크로 면봉	특 징
	▪ 미세한 부분의 이물질을 제거하거나 리무버를 사용할 때 사용한다.

(2) 면봉

(3) 마스크

(4) 흰색 터번

(5) 고정용 거즈

(6) 손소독제

(7) 속눈썹용 브러시

(8) 비닐 백 소형

(9) 알코올 및 소독용기

(10) 바구니

(11) 대타올(흰색) 1개, 중타올(흰색) 1개

(12) 이마 받침용 면수건(소)

(13) 물티슈 및 곽티슈

2 가속눈썹의 특징

1) 컬의 두께와 길이

(1) 컬의 굵기

인조 가속눈썹(artificial eyelashes)의 원사 종류는 인조원사, 인모, 밍크모, 실크모 등이 있다. 가속눈썹은 속눈썹을 길고 풍성하게 만들기 위한 연장용과 일회용으로 만들어진 가짜속눈썹을 말한다. 가속눈썹의 두께는 원사의 두께를 의미하며, 섬유의 굵기를 표시하는 단위 "수"나 "데니어(D=denier)"로 표시한다.

1데니어는 9000m-1g이며, 원사 1g으로 9000m의 실을 만들었을 때의 굵기를 말한다. 즉, 2데니어는 9000m-2g이며 0.1데니어는 9000m-0.1g이 된다. 쉽게 말해 9000m가 1g이면 1데니어라고 하며, 9000m가 2g이면 2데니어라고 한다. 당연히 같은 길이에 중량이 높다는 것은 섬유의 굵기가 굵다는 뜻이고, 따라서 높은 데니어의 제품일수록 섬유의 굵기가 더 굵다.

"수"는 일정 무게의 섬유로 얼마의 길이를 뽑아낼 수 있느냐가 기준인 반면에, "데니어"는 일정 길이의 섬유를 뽑기 위한 섬유의 무게를 단위로 삼는다. 섬유단위 "수"와 "데니어" 가운데서 특히 천연섬유 계통은 번수를, 합성섬유 계통은 데니아를 사용한다. 그러나 예를 들어 두 종류의 15데니어의 실이라도 섬유 특성상 단면이 정확한 원이 아니기 때문에 굵기가 정확하게 일치하지는 않는다.

(2) 속눈썹 연장용 컬의 굵기

속눈썹 연장에 사용되는 원사의 굵기는 가늘게는 0.07 데니어부터 굵게는 0.25 데니어까지, 대체로 0.05단위로 세분되는데, 단위가 내려갈수록 속눈썹이 가늘어져 부드럽고 단위가 올라갈수록 원사가 굵어져 힘이 있다. 위쪽 속눈썹에 가장 많이 시술하는 굵기는 0.1(가는 모), 0.15(중간 모), 0.20(굵은 모) 데니어이며, 아래쪽 속눈썹에는 속눈썹의 굵기와 비슷한 0.07~0.08 데니어를 사용한다. 고객의 기존 속눈썹 굵기를 고려하여 속눈썹 연장용 원사의 굵기를 정해야 한다.

속눈썹 굵기	적 용
0.07 (자연 모)	인모의 경우 데니아가 0,07 · 짧은 속눈썹 소유자와 언더래쉬에 시술
0.1 (가는 모)	속눈썹에 가장 가까운 굵기 · 처음 속눈썹 연장을 하는 고객 · 자연스러움을 추구하는 고객 · 60대 이상의 고객
0.15 (중간 모)	중간 정도의 굵기 · 속눈썹에 약간의 볼륨을 주고 싶을 때 · 기본 베이직을 원하는 고객 · 눈화장을 하지 않는 고객
0.20 (굵은 모)	· 눈매를 강조하는 경우 · 아이라인을 하는 고객 · 눈 화장에 포인트를 주는 고객

가속눈썹 원사의 굵기 선호도

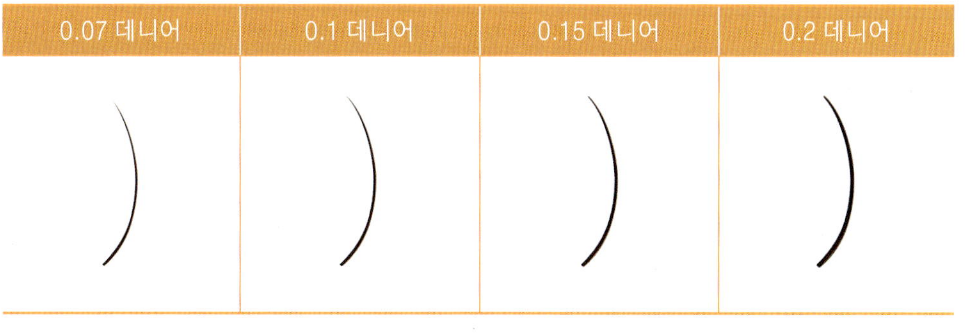

그림 4-1 가장 많이 사용하는 가속눈썹 원사의 굵기 비교

(3) 컬의 길이

속눈썹 연장에 사용되는 컬의 길이는 보통 7mm~13mm로 다양하다. 최근에는 보다 더 돋보이게 하거나 패션용으로 14mm~17mm 길이의 컬 시술을 원하는 경우도 있으나 무겁다는 단점이 있다. 또한 연장용 언더래쉬로 5mm~6mm 길이의 컬도 생산되고 있어, 점차 언더래쉬 연장 서비스를 이용하는 고객도 증가할 것으로 보인다.

2) 컬의 종류

수작업 속눈썹 연장에 사용되는 컬의 형태별 종류는 J, JC, C, CC, L, W 래쉬와 Y 래쉬로 분류할 수 있다. 일반 속눈썹 형태보다 좀 더 숱이 많아 보이게 할 목적으로 W 래쉬와 Y 래쉬 속눈썹을 사용한다. 속눈썹 기기를 사용하면 J컬만 사용해도 JC, C, CC 효과를 나타낼 수 있다.

(1) J컬

컬의 형태	특 징
	▪ 가장 일반적이고 많이 사용하는 컬의 형태 ▪ 기존 속눈썹의 길이와 굵기를 늘려 자연스러운 컬을 연출하고자 할 때 사용 ▪ 아래로 향해 자란 속눈썹에 적용할 경우 자칫 아래로 더 쳐져 보일 수 있으므로 적용하지 않는 것이 좋다. (스피드 속눈썹 기기를 사용하지 않고 수작업으로 연장할 경우)

기본 각도(코끝)	각도(45)
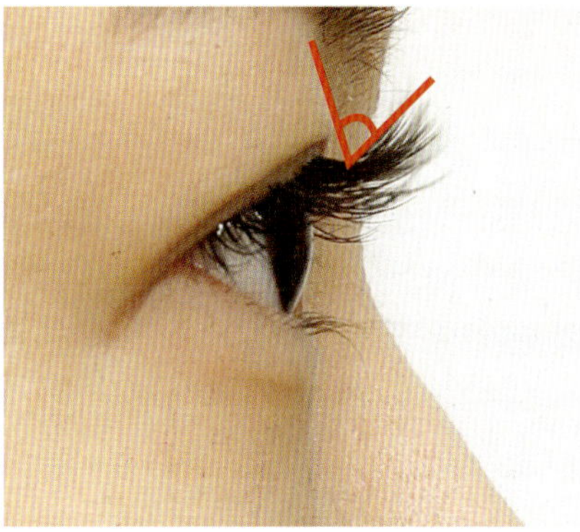	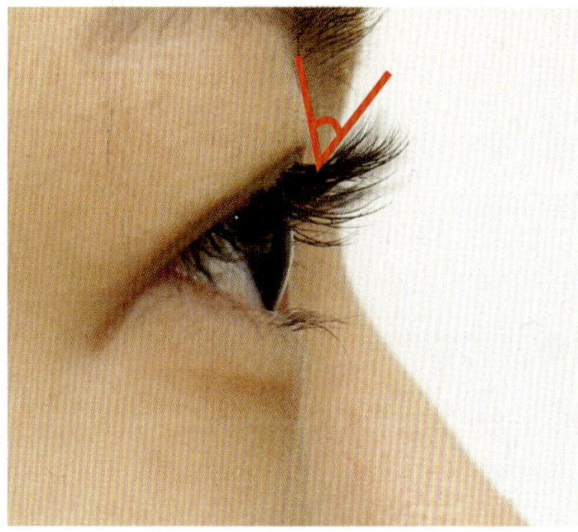

그림 4-2 속눈썹 연장기기를 이용한 컬의 각도 비교 (J컬 사용)

(2) JC컬

컬의 형태	특 징
 	- J컬과 C컬의 중간 형태로 J컬에 볼륨이 들어가 있는 형태의 컬

(3) C컬

컬의 형태	특 징
	▪ J컬에 비해 좀 더 강하게 휘어 올라 드라마틱한 컬을 얻을 수 있다. ▪ 좀 더 세련되고 화려한 느낌을 선호하는 경우에 이용 ▪ 기존 속눈썹에 마스카라를 한 듯 속눈썹이 눈에 띄게 증가한 느낌을 줄 수 있어 극적 분위기 연출에 효과적이다. ▪ 눈매가 깊거나 눈꺼풀이 무겁게 내려온 경우 컬이 눈 주위의 피부에 닿을 수 있으므로 유의해야 한다. ▪ J컬의 범위 바깥쪽으로 더 나은 옵션을 원하는 경우에 적용하면 좋다.

J컬 시술 후	C컬 시술 후
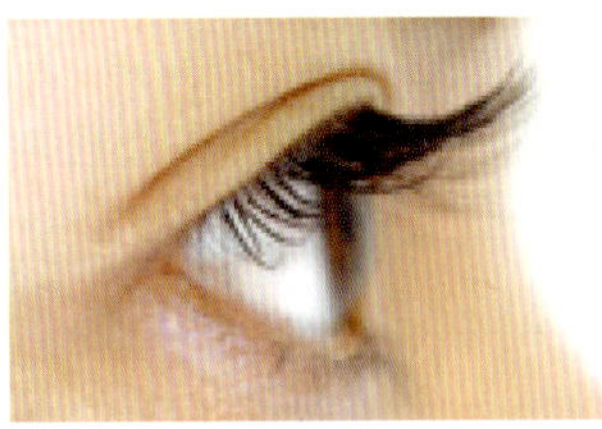	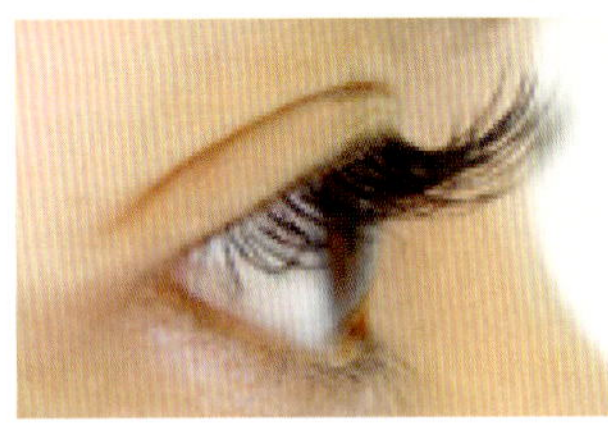

그림 4-3 수작업 속눈썹 연장 후 컬의 비교

(4) CC컬

컬의 형태	특 징
	▪ C컬보다 컬이 더 강한 속눈썹으로 가장 풍성한 볼륨감과 컬링감을 연출할 수 있다.

(5) L컬

컬의 형태	특 징
	▪ C컬보다 자연스러우며 자신감 있는 눈매를 연출할 수 있다.

(6) W 래쉬

가모의 끝부분이 세 가닥으로 나뉘어 있는 형태로 Y 래쉬와 마찬가지로 기존 속눈썹의 숱이 적거나 잦은 속눈썹 연장시술 등으로 인해 속눈썹 숱이 줄어든 경우에 적합하다. 같은 컬 굵기의 Y 래쉬 속눈썹보다 진하고 풍성해 보이며 시술 시간이 단축되는 장점이 있다.

W 래쉬

(7) Y 래쉬

가모의 형태가 두 가닥으로 된 속눈썹으로 기존 속눈썹의 숱이 적거나 잦은 속눈썹 연장시술 등으로 인해 속눈썹 숱이 줄어든 경우에 적합하다.

W 래쉬

(8) 언더 래쉬

눈 아래 속눈썹에 붙이는 가속눈썹를 말하며, 보통 5mm~6mm 길이를 사용한다. 마스카라를 한 효과와 여성스러운 느낌을 주며 자연스럽게 길이감이 형성되고 높은 컬링감을 주어 눈매가 또렷하고 볼륨감 있어 보이는 특징이 있다.

3) 컬의 재료

속눈썹 연장에 사용되는 원사의 종류는 재질에 따라 밍크모, 실크모, 단백질모, 폴리에스테르모, 인모 등으로 분류할 수 있다.

원사의 종류	특 징
밍크모	족제비과의 하나인 밍크(mink)의 털을 소독, 탈색, 염색 등의 공정을 거쳐 만든 원사
실크모	실크(명주실-누에고치에서 뽑은 가늘고 고운 실)로 만든 원사
단백질모	가속눈썹 원사에 단백질 성분을 가미한 원사
폴리에스테르모	섬유 원료인 polyester fiber로 만든 원사
인모	사람의 머리카락을 가공하여 만든 원사
내츄럴모	기존의 원사보다 더 부드럽고 가벼운 원사를 사용 컬을 만드는 공정에서 두 번의 열처리 공정을 거쳐 만든 원사

4) 컬의 색상과 용도에 따른 종류

(1) 컬의 색상에 따른 종류

인조 속눈썹 연장에 가장 많이 사용하는 색상은 블랙과 브라운이며, 최근 속눈썹을 연장하는 연령층이 다양해짐에 따라 컬의 색상 또한 다양해지는 경향이 있다.

풀 컬러 래쉬 (full color lashes)	
	속눈썹을 전부 풀 컬러 래쉬(full color lashes)로 하는 경우 부자연스러울 수 있다. 중간 중간에 섞어주거나 눈 끝에만 연장하는 방식으로 훨씬 더 부드러운 눈매를 연출할 수 있다.
투톤 래쉬 (two-tone lashes)	
	그라데이션 처리를 하여 하나의 속눈썹에 두 가지 색을 입힌 속눈썹으로, 신비롭고 그윽한 눈매를 연출하기 좋다. 파티나 모임 등 특별한 날 개성 있는 눈매를 표현할 수 있다.
비즈래쉬 (beads lashes)	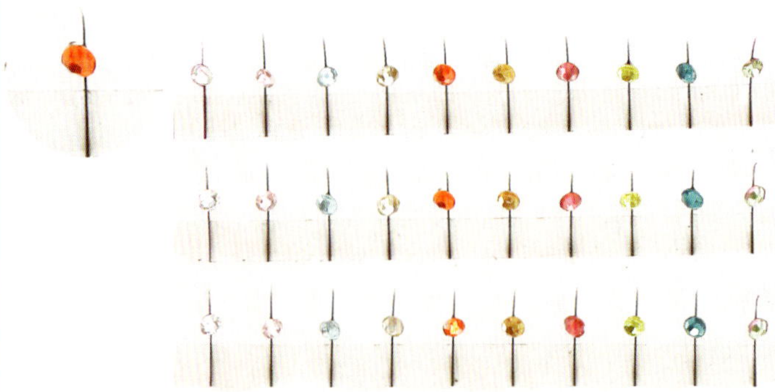
	비즈를 사용하여 만든 속눈썹으로 파티나 속눈썹 아트에 사용할 수 있다.

3 속눈썹 연장을 위한 준비

1) 위생과 감염관리

속눈썹 아티스트는 위생처리 절차에 대한 기본 지식을 습득하고 이를 철저하게 이행해야 할 책임이 있다. 속눈썹 시술을 할 때 위생처리 절차를 임의로 생략하거나 줄여서는 안 된다. 항상 시술 전 손 세정제를 사용하여야 하며 샵의 위생과 청결에 신경써야 한다. 샵의 청결상태는 아티스트와 고객의 안전 뿐 아니라 샵의 이미지 관리에도 중요하므로 절대 소홀히 해서는 안 된다.

(1) 속눈썹 연장 샵에서 발생할 수 있는 감염 경로

대부분의 박테리아와 바이러스, 진균 그리고 다른 질병을 일으키는 균들은 코와 입, 눈과 귀, 피부에 난 상처 등을 통하여 체내로 들어오게 된다. 샵 안에도 육안으로 보이지 않는 이런 균들이 있으므로 속눈썹 아티스트는 예방차원에서 주의를 기울여야 한다. 샵에서의 일반적인 전염 경로는 아래와 같다.

① 오염된 재료와 도구, 기기

대부분의 균들은 더러운 핀셋이나 글루 빠레트, 속눈썹 연장 기기, 수건, 잘못 보관된 인조 속눈썹, 위생테이프, 글루 등에 착상하여 서식하고 아주 빠른 속도로 번식한다.

② 고객의 눈, 얼굴, 손, 발

고객의 눈에는 메이크업 잔여물과 분비된 피지뿐만 아니라, 속눈썹 모낭에 기생하는 기생충도 있다. 작업 전 전처리제로 속눈썹과 그 주변을 꼼꼼하게 닦아냄으로써 위생처리와 접착력증가의 이중 효과를 얻을 수 있다.

③ 다래끼 등의 눈질환

눈꺼풀 및 눈에 발생하는 다양한 안과적 질환에 의해 병원균은 한 사람으로부터 다른 사람에게 쉽게 옮겨간다.

④ 입과 코, 눈을 통한 감염

샵 안에서 기침이나 재채기를 하는 사람, 콧물을 흘리는 사람이 감염의 원인이 되기도 한다.

⑤ 기타 집기

의자, 테이블, 수건, 시술용 침대 등에도 세균이 많이 묻어 있다. 화장실 물건들, 특히 문의 손잡이에 균이 많이 묻어 있다.

(2) 감염에 대한 예방과 대책

속눈썹 연장술에서는 검증되지 않은 불법제품이 눈에 들어가서 각막염이나 화상 등을 입힐 수 있고 접착제 성분이 기화되는 중에 그 성분을 흡입하는 경우 구토, 정신착란, 동공확장 등의 부작용을 낳을 수 있다. 또한 눈 주위는 민감하고 세균에 약하기 때문에 철저한 위생관리가 더욱 필요한 작업이다.

환기가 잘 된 청결한 샵에 들어선 고객은 기분이 상쾌해지고 좋은 첫인상을 갖게 된다. 잘 정돈된 시술대와 자외선 소독기에서 꺼낸 핀셋 또한 받게 될 시술에 대한 무한한 신뢰를 갖게 한다. 신뢰를 가지고 시술을 받는 고객들과 속눈썹 아티스트 자신을 감염으로 인한 질병으로부터 보호하기 위해서는 위험한 질병 전파를 예방하는 방법에 대해 알아야 한다.

① 위생(Hygiene)

주변 환경과 신체를 청결하게 유지하기 위해 예방차원에서 이물질들을 제거하는 것을 말한다. 위생은 가장 낮은 단계의 이물질 제거작업으로 물체 표면의 병원균 수를 상당히 줄일 수 있다. 자주 환기를 시키고 바닥은 항상 청결상태를 유지한다. 시술용 베드에 깐 수건은 매회 새로운 것으로 교환하고, 한번 시술하고 난 가리개 봉이나 면봉 등을 비닐봉투에 넣어 밀봉해 버리며, 속눈썹 기기 판은 재생 크리너를 뿌린 후 부드러운 수건으로 닦아준다. 반드시 뚜껑이 있는 휴지통을 사용하고, 시술 전후 항균 비누로 손을 씻는다.

② 소독(Disinfection)

사람에게 유해한 미생물을 파괴시켜 감염의 위험성을 제거하는 비교적 약한 살균작용이다. 보통 소독은 무생물을 대상으로 하는 용어인 반면, 사람에 대해서는 항균(antiseptics)이라는 용어를 사용한다.

샵에서 실시하는 소독 방법은 건열, 습열, 자외선 소독, 화학제 사용 등이 있으며, 소독제로는 알콜(alcohol), 제4기 암모늄 혼합물(quats), 페놀(phenol) 등이 있다. 특히 알콜은 에틸 알콜, 이소프로필 알콜이 미용 소도구의 소독제로 사용된다. 모든 기구는 오염되는 것을 피하기 위해 소독제에 담기 전에 철저히 씻어낸 후 소독제는 종류와 농도에 따라 약 15~20분 정도 담가 두어야한다.

소독제는 사람의 피부나 눈의 접촉에 대해 자극성이 심하다. 장기간 접촉시, 또는 반복 접촉시 피부 손상을 초래할 수 있으므로 항상 장갑을 착용하며 물과 화학적인 혼합을 할 때에는 폭발사고를 예방하기 위해 안전한 유리제품을 사용한다,

③ 살균 또는 멸균(Sterilization)

미생물을 여러 가지 물리적, 화학적 작용을 이용해 신속하게 죽이는 것을 말한다. 살균처리 전에 도구나 기구 등의 대상을 세제로 깨끗이 닦고 물로 행구는 것이 중요하다. 그 다음에 살균 또는 항균 용액에 담근다. 세제와 물로 닦아내는 과정에서 대부분의 세균이 제거되고, 남아있는 세균을 살균제와 항균제가 제거하게 된다.

살균방법으로는 대상 기구를 300도 이상의 고온에 노출시켜 살균하는 건열식과 100도 이상의 끓는 물에 넣어 살균하는 습열식이 있다. 또한 화학약품을 사용하여 살균하는 방법으로는 소독용으로 사용되는 용액의 농도를 높여 살균제로 사용하기도 한다. 자외선 살균은 다른 방법으로 소독 멸균 처리된 기구를 자외선 소독기 안에 안전하게 보관하는 방법이다.

(3) 샵에서 사용되는 소독 및 살균기의 종류

① 습식 소독기

기구를 집어넣었을 때 완전히 소독될 수 있는 크기의 것을 구비하는 것이 좋다. 전염을 막기 위해 덮개가 있어야 하고, 화학용액에 안전한 유리로 된 것을 사용한다. 사용되는 소독제는 완전 살균을 위해 자주 갈아야 한다.

② 건식 살균기(캐비넷 식)

소독된 기구들을 사용할 때까지 청결하게 보관하기 위해 건식 살균기를 사용한다. 캐비넷식은 반드시 밀폐식이어야 하며, 재질은 나무, 금속 또는 플라스틱이다.

③ 자외선 소독기

자외선을 이용한 전기 소독 살균기도 건식 살균기처럼 기구를 소독한 후 사용할 때까지 보관하는 용도로 사용된다. 속눈썹 연장을 하는 샵에서 가장 많이 사용하는 살균기이다. 이 살균기는 램프를 켜면 자외선이 방출되는 원리를 이용해 기구를 소독하는 기계이다. 전기 살균기를 이용할 때 주의할 점은 기구들을 일단 화학용액에 담가서 살균한 후에 이용해야 한다는 점이다.

2) 셋팅

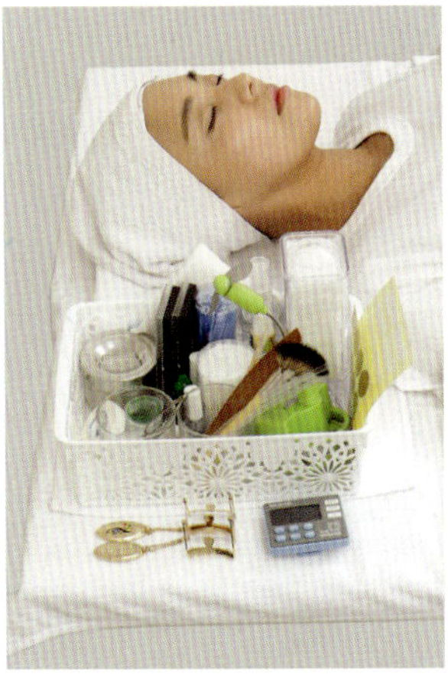

	준비물	스피드 속눈썹 기기, X핀셋, 위생 테이프, 속눈썹 원사(8mm, 9mm, 10mm, 11mm, 12mm, 13mm), 속눈썹 접착제(인증글루). 일자핀셋, 속눈썹 가위, 분리솔(속눈썹 분리대), 보조봉, 리무버, 재생 크리너, 마이크로 면봉, 면봉, 거즈, 면수건 또는 터번, 드라이기, 손 세정제. 마스크
	유의사항	① 고객의 속눈썹 상태를 점검하여, 속눈썹을 깨끗이 위생 처리한 상태에서 연장하여야 한다. ② 마스카라를 사용하였거나 속눈썹에 이물질이 묻은 경우 깨끗하게 제거하고 전처리를 한 다음 드라이(냉풍)로 건조시킨 후 연장해야 오래 지속시킬 수 있다.

3) 자세

속눈썹을 연장할 때 자세를 바르게 하면 피로가 적고 시술을 편안하고 효율적으로 할 수 있다.

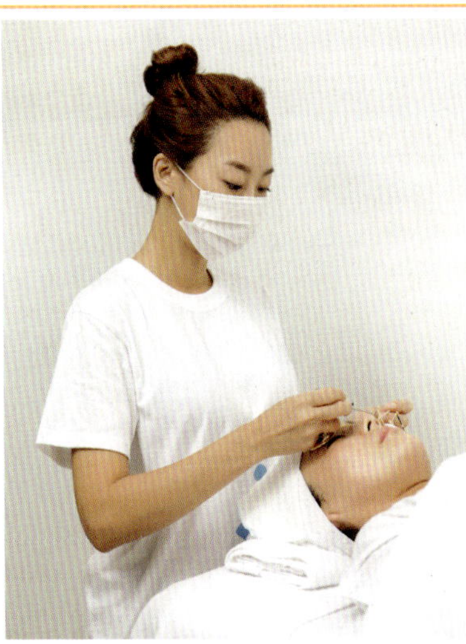

① 다리를 어깨 넓이로 벌려 무게중심을 잡고 등을 바르게 편다.
② 편안한 자세로 침대 위에 팔꿈치를 대고 고객과의 거리조절을 한다.
③ 의자와 침대 높이를 체크한다(신장에 따라 의자의 높낮이를 조절한다).

Chapter 5

스피드 속눈썹 연장
(기초편)

Chapter 05
스피드 속눈썹 연장 (기초편)

1 스피드 속눈썹 연장 기기 사용방법

1) X핀셋 사용방법

준비물	X핀셋, 일자원사, 스펀지, 나무젓가락, 보조 봉, 양면테이프, 투명테이프, 연습용 원사, 가속눈썹 J컬, 글루, 팔레트

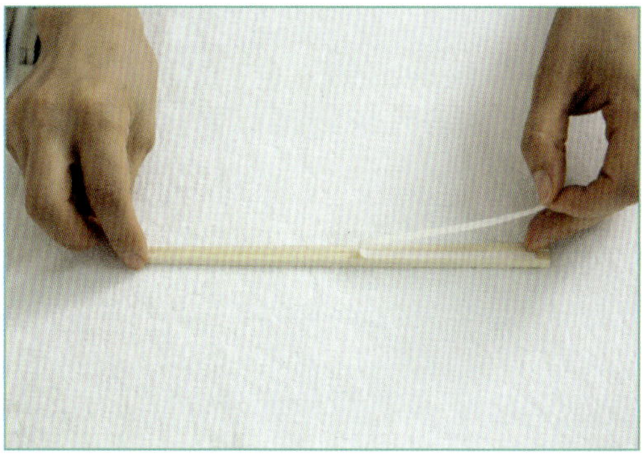

① 나무젓가락에 양면테이프를 붙인 후 표면을 떼어낸다.

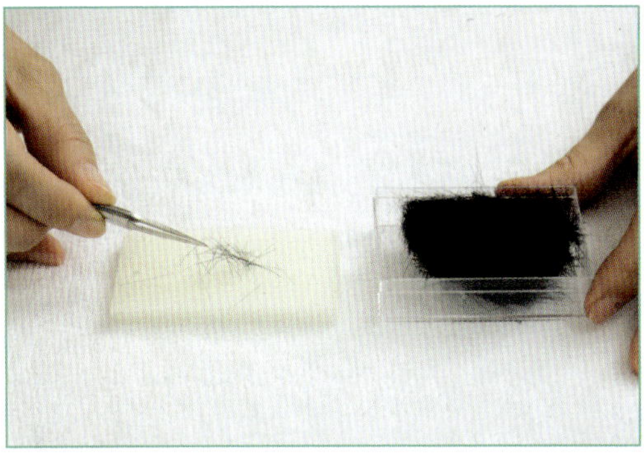

② 스펀지 위에 일자 원사를 세워서 꽂는다.

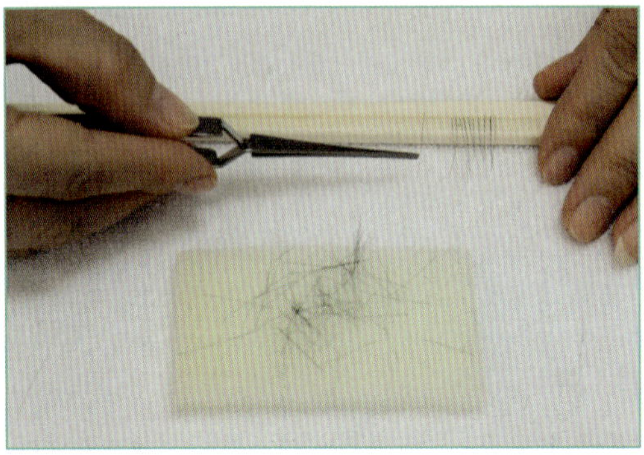

③ X핀셋을 벌려 원사를 잡고 양면테이프 위에 올려놓는다.
X핀셋에 원사가 잡히면 힘을 주지 않아도 된다.

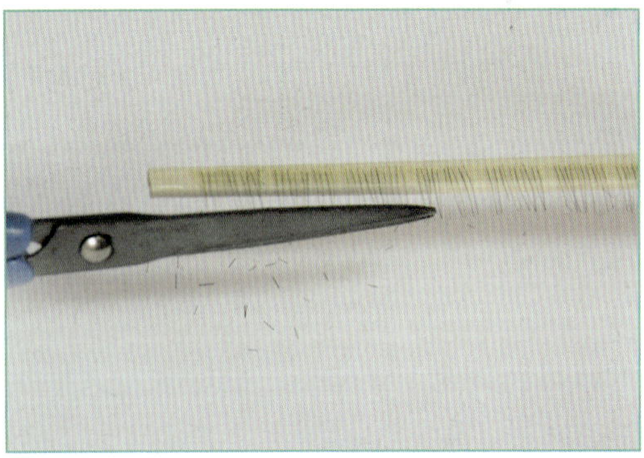

④ 나무젓가락에 올려놓은 원사를 투명테이프로 덮은 후 0.5~1cm 정도의 길이로 가지런하게 자른다.

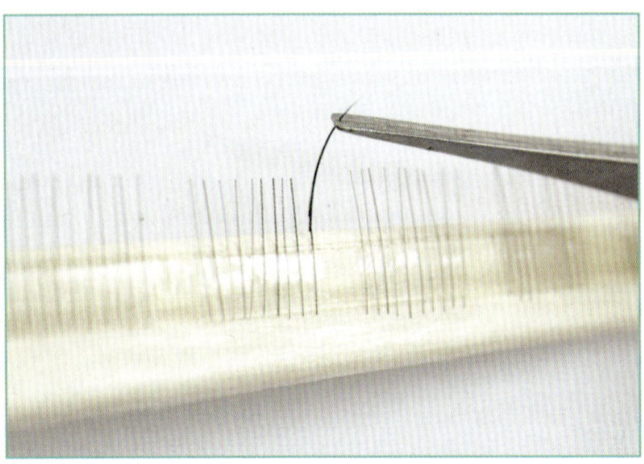

⑤ 붙여놓은 원사 위에 연장할 가속눈썹에 글루를 묻혀 착지 연습을 한다.
컬이 옆으로 돌아갈 경우 보조 봉을 이용하여 컬의 끝부분을 바로 잡아준다.

2) 원사 착지방법

준비물	튜브, 속눈썹 고정테이프, 투명테이프, 일자핀셋, X핀셋, 글루, 팔레트, 보조 봉, 연습용 일회용 속눈썹, 마네킹, 흰색종이, 가속눈썹 J컬

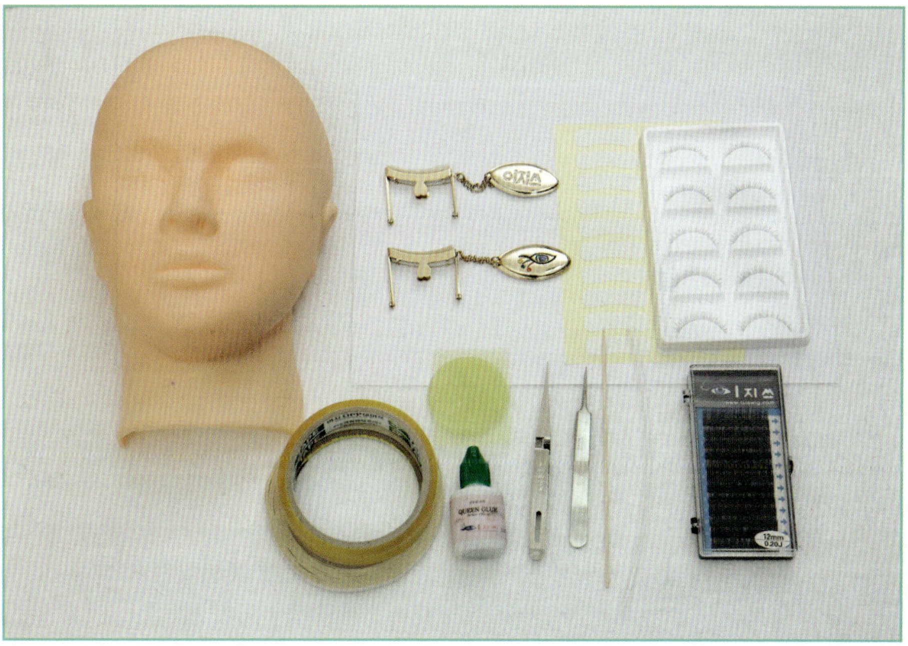

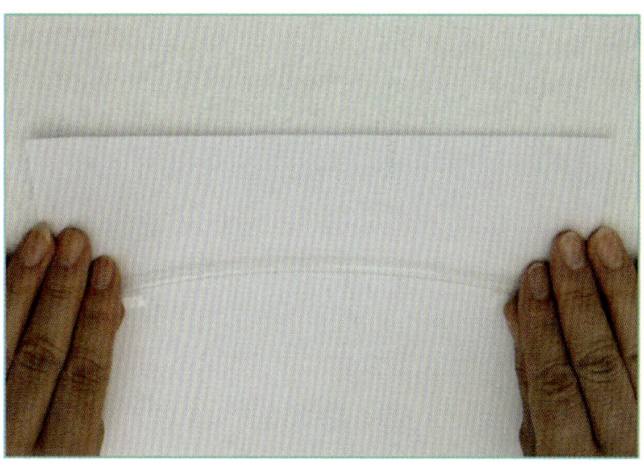

① 흰색종이 위에 튜브를 라운드 모양으로 만든 후 투명테이프로 양쪽 끝을 고정시킨다.

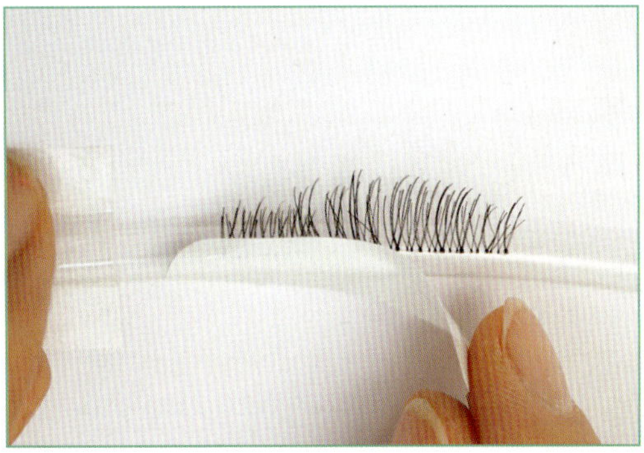

② 튜브에 일회용 속눈썹을 붙인 후 0.5~1cm 정도 길이를 남겨두고 속눈썹 고정테이프를 붙인다.

③ 1단계- 손풀기 작업
튜브에 붙인 일회용 속눈썹에 글루를 이용하여 가속눈썹을 연장시킨다. 보조 봉을 이용하여 일회용 속눈썹을 옆으로 밀면서 붙인다.

④ 2단계- 착지연습
마네킹에 일회용 속눈썹을 붙인 후 원사에 정확하게 착지 연습한다.

3) 속눈썹 분리방법

준비물	스피드 속눈썹 기기, 분리솔, 보조 봉, 마네킹, 일회용 속눈썹, 속눈썹 고정테이프

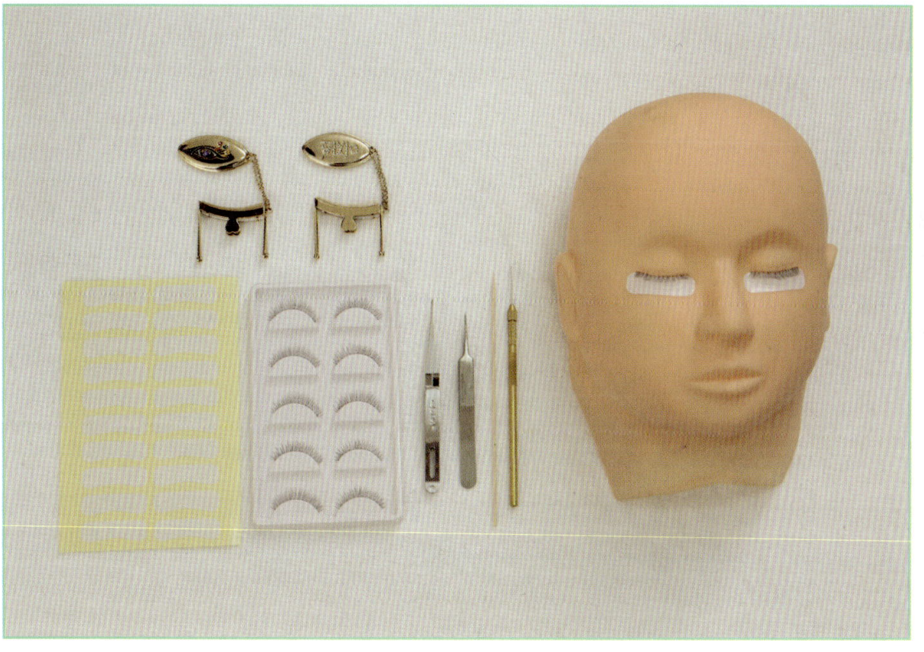

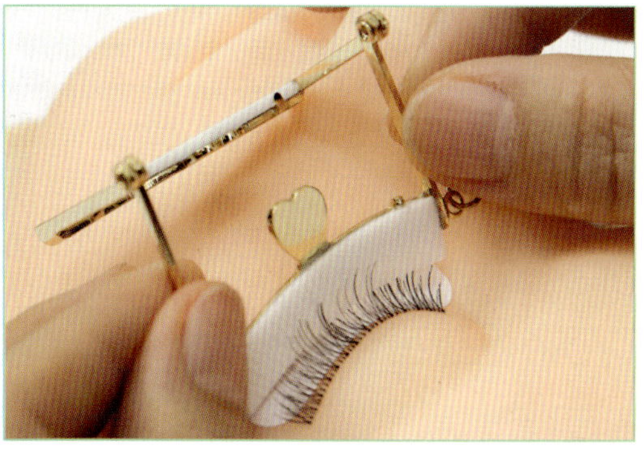

① 기기판을 이용한 분리방법

마네킹에 일회용 원사를 붙인다. (원사위에 0.5~ 1cm만 남겨두고 속눈썹 고정테이프를 붙이기도 한다) 스피드 속눈썹 기기의 홈이 있는 부분을 이용하여 가장 긴 속눈썹만 올려서 분리한다.

[가장 긴 속눈썹 -> 긴 속눈썹 -> 짧은 속눈썹 순서로 분리 연습한다]

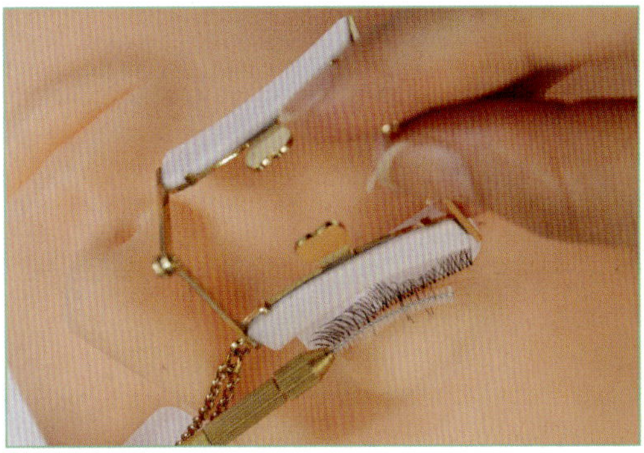

② 분리솔을 이용한 분리방법

분리솔을 이용하여 가장 긴 속눈썹만 가려서 분리한다. 공간이 있는 부분은 보조 봉을 이용해 올린다.

[빗질하듯이 짧은 속눈썹만 빼는 백콤 방식으로 분리하는 방법과 긴 속눈썹만 살짝 들어 올리는 방법이 있다]

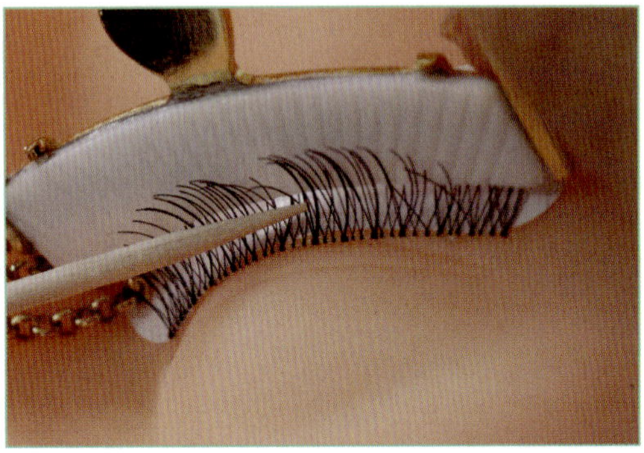

③ 기기판을 이용하여 짧은(잔) 속눈썹 밀어 넣는 방법

속눈썹을 분리했어도 잔 속눈썹이 올라올 수 있으므로 이때 속눈썹 기기 판을 이용하여 밀어 넣어 속눈썹 연장 시에 방해를 받지 않도록 한다.

[보조 봉을 이용하여 넣을 수도 있다]

4) 위생테이프 붙이는 방법

준비물	마네킹, 속눈썹 고정테이프, 위생테이프, 가위

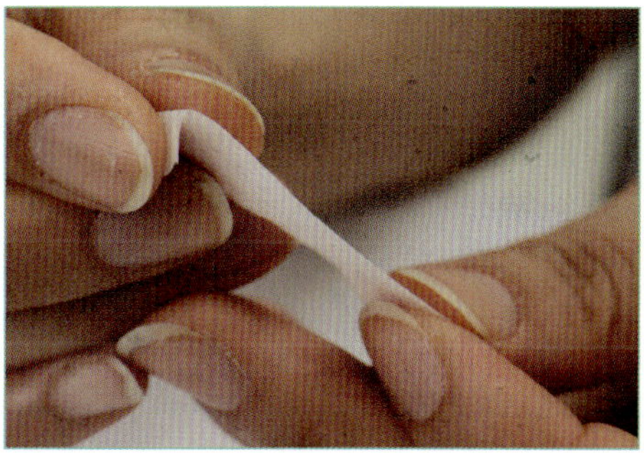

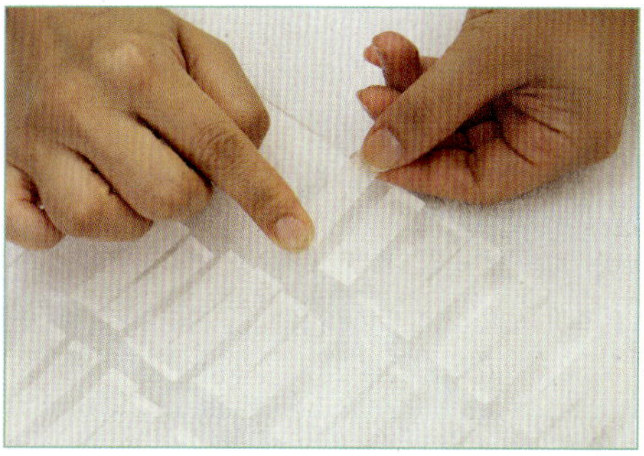

① 위생테이프의 끝부분은 떼어내기 쉽도록 접어서 위생테이프 보관 판에 정리해 둔다.

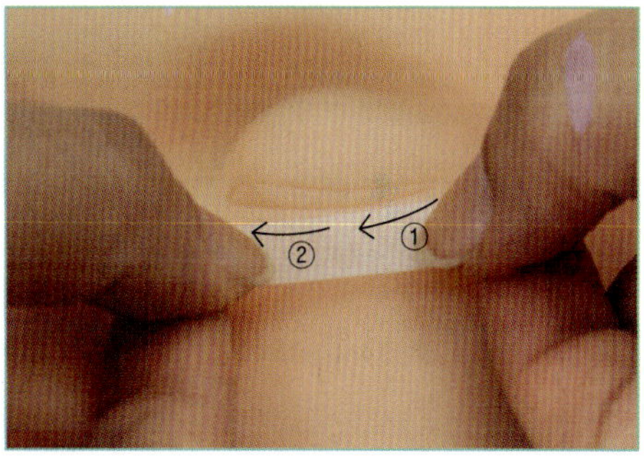

② 모델의 아래 안검에 들어가지 않도록 눈꼬리부터 앞쪽 방향으로 붙인다.

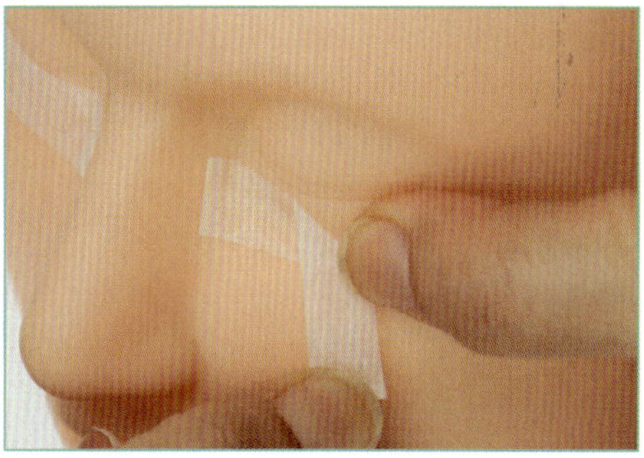

③ 떼어낼 때는 엄지손가락 끝부분으로 눈꼬리부터 앞쪽으로 지압하듯이 누르면서 조금씩 살살 떼어낸다.

부록	〈눈모양 패턴〉으로 연습하기

5) 속눈썹 A/S 방법

준비물	마네킹, 속눈썹 연장 기기, 연장한 일회용 속눈썹, 일자핀셋 2개

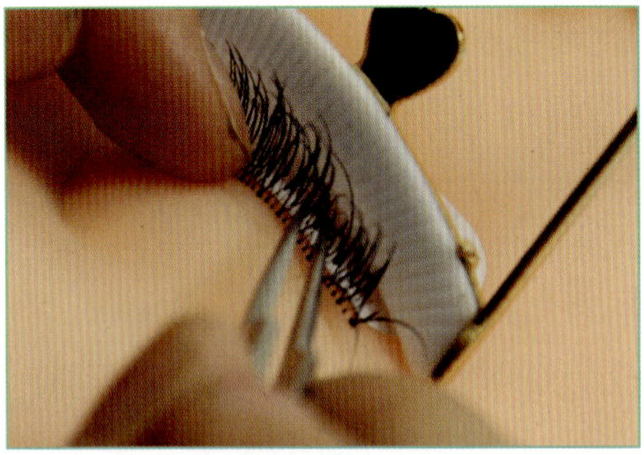

① 연장한 속눈썹 끝부분이 벌어져 있는지를 확인한다.

② A/S 해야 할 속눈썹 1개만 속눈썹 기기 판 위에 올려놓는다.

③ 일자핀셋 2개를 이용하여 떼어낸다. 이때 자연 속눈썹은 아래로 내리고 연장한 가속눈썹만 움직여 제거해야 한다.

주의할 점	① 손등이 보이게 일자 핀셋을 잡는다. ② 일자 핀셋의 끝부분이 위로 향하게 한다. ③ 왼손으로 잡은 핀셋으로 모델의 속눈썹을 아래로 살짝 내리고 오른손 핀셋으로 속눈썹 원사를 분리시킨다.

6) 스피드 속눈썹 기기 소독 및 재생 방법

준비물	속눈썹 연장기기, 액상 리무버, 재생 크리너, 티슈

① 속눈썹 기기 판에 묻은 글루 부위에 리무버를 칠하고, 2~3분 후 닦아낸다.

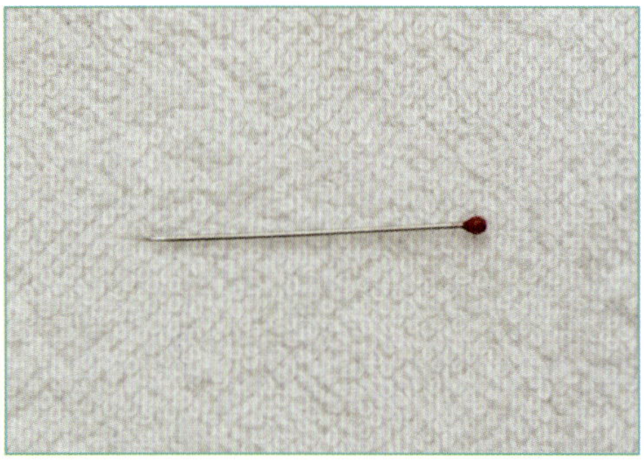

② 홈에 이물질이나 글루가 묻어있는 경우 리무버를 칠한 상태에서 미세바늘을 이용하여 긁어낸다.

③ 재생 크리너를 분사하여 소독한 후 부드러운 면수건으로 닦아 보관한다.

2 고객카드 작성

고 객 카 드 (Customer Card)

No.				날짜(Date) : 20 . . .					
고 객 명 Name		나이 Age		직업 Job			연락처☎		
							e-mail		
속눈썹 연장 시작시기 (First time of extention)									
속눈썹 연장 동기 (Motive of extention)									
고객 요구사항 (Service needs)	– – –								
시술 전 (Before eyelashes extention)									
길이 (Length)	R mm		데니어 (Denier)	R		모량 (Quantity)	R		
	L mm			L			L		
시술 후 (After eyelashes extention)									
길이 (Length)	R mm		데니어 (Denier)	R		모량 (Quantity)	R		
	L mm			L			L		
시술 후 만족도 (Satisfaction of after service)									
모량 (Quantity)		길 이 (Length)		시술시간 (Time)		눈의형태 (Eye Shape)		시술금액 (Amount)	
현재 고객상태 (Present state of customer)					시술 후 고객상태 (After state of customer)				
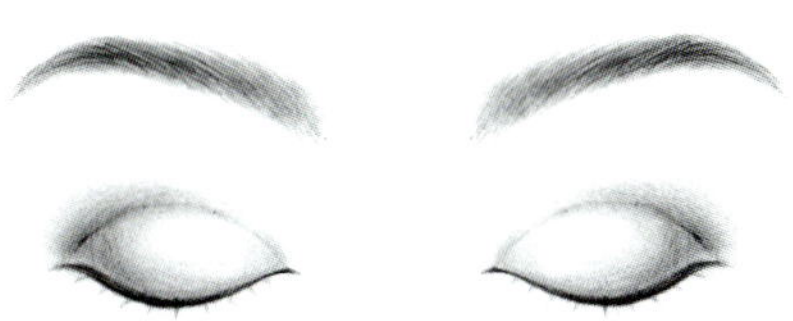					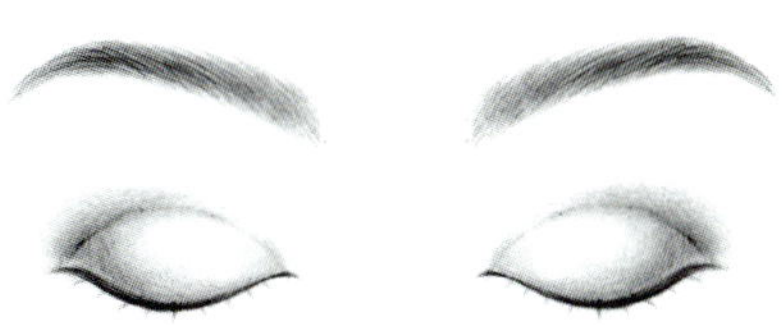				
비고					비고				

Chapter 6

스피드 속눈썹 연장

(실전편)

Chapter 06
스피드 속눈썹 연장 (실전편)

1 스피드 속눈썹 연장 기기 사용방법

1) 스피드 속눈썹 연장 시술방법

스피드 속눈썹 연장기기를 이용하여 20~30분 이내에 속눈썹 연장을 완성시키는 편리한 방법이다. 스피드 속눈썹 연장 기기 사용 시 장점은 다음과 같다.

① 시술자와 고객, 대기 고객 모두 시간을 절약할 수 있다.
② 작업하기 편하고 위생적이다.
③ 기기의 각도를 조절할 수 있어 연장 시 컬의 모양을 다양하게 표현할 수 있다.
④ 초보자도 한 달만 숙련하면 20~30분 이내에 시술할 수 있다.
⑤ 속눈썹을 15~20개 정도 스피드로 분리하여 연장하는 방식이라 작업이 간편하고, 속눈썹 기기판 위에서 작업하기 때문에 고객이 불안감을 느끼지 않는다.

제품 준비상태	준비물
	스피드 속눈썹 기기, X핀셋, 위생테이프, 속눈썹 원사(8mm, 9mm, 10mm, 11mm, 12mm, 13mm), 속눈썹 접착제(인증글루), 일자핀셋, 속눈썹 가위, 분리솔, 보조 봉, 리무버, 재생크리너, 마이크로 면봉, 면봉, 거즈, 면수건 또는 터번, 드라이기, 손세정제, 마스크

시술자의 자세	
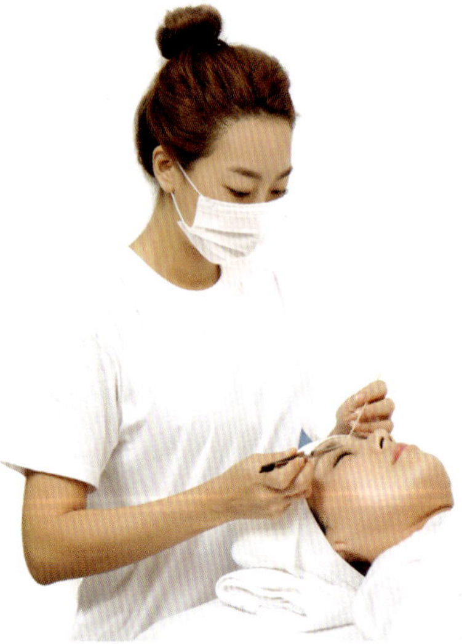	자세를 반듯이 하고 다리는 11자로 벌려 고객의 머리와 직선이 되게 앉아야 작업 시 피로가 쌓이지 않아 편안하게 시술할 수 있다.

(1) 위생테이프 붙이기

고객의 눈 밑에 위생테이프를 붙인다. 위생테이프를 미리 깨끗한 위생테이프 판에 붙여 놓았다가 떼어서 사용하면 점착력이 줄어들어 피부의 늘어짐을 방지할 수 있다. 고객의 눈 밑 피부에 위생테이프를 바로 붙이면 피부가 늘어나거나 고객이 아픔을 느낄 수 있다.

위생테이프 붙이기	
	▪ 눈 주위의 피부는 얇고 약하므로 처음부터 끝까지 신중해야 한다. 눈에 이물감이 느껴지지 않도록, 아래 속눈썹이 노출되지 않도록 주의해서 붙인다. ▪ 양쪽에 테이프를 붙이고 작업하는 것이 원칙이나, 피부 알러지가 있는 사람은 한쪽 눈을 먼저 작업하고 나머지 다른쪽 눈을 작업하는 것도 좋은 방법이다. (참고 위생테이프 대신 속눈썹 고정 패드, 아이패치를 사용하기도 한다)

스피드 속눈썹 기기 작업시 위치 1	
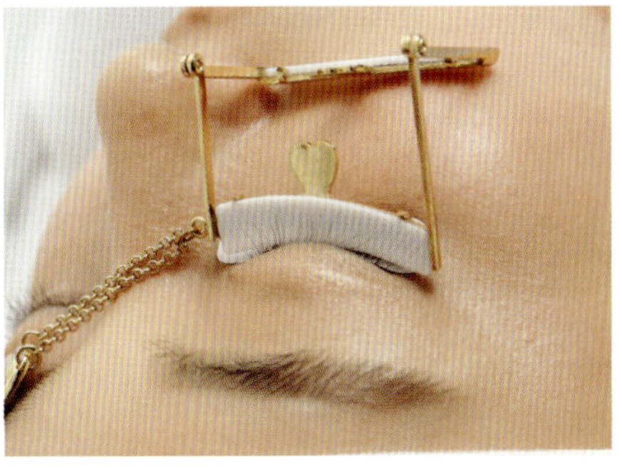	▪ 스피드 속눈썹 기기는 왼쪽, 오른쪽으로 구분되어 있다. ▪ 시술하고자 하는 눈에 속눈썹 기기판을 올려놓고 다른 한쪽(고정원판)은 반대쪽 눈의 눈두덩 위에 올려놓는다. 이때 순수 비취옥으로 만든 고정원판의 밑 부분이 눈두덩 피부에 닿게 하여야 한다. ※ 순수 비취옥은 지압 효과가 있어서 눈을 맑게 해주고 혈액 순환을 원활하게 해서 눈의 피로를 풀어준다.

스피드 속눈썹 기기 작업시 위치 2

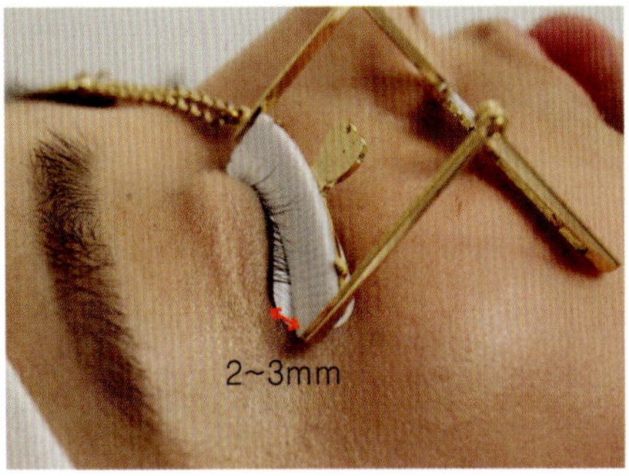

- 평평한 기기판을 코끝 선에 맞추고 홈이 있는 기기판을 눈 밑 2~3mm 아래에 놓는다.
- (속눈썹을 연장한 후 기기판에서부터 자극 없이 분리하기 위해서이며 이때 꼭 공간을 두어야 한다)

스피드 속눈썹 기기 작업시 위치 3

J컬을 원할 때 위치	C컬이나 눈을 크게 만들 때 위치
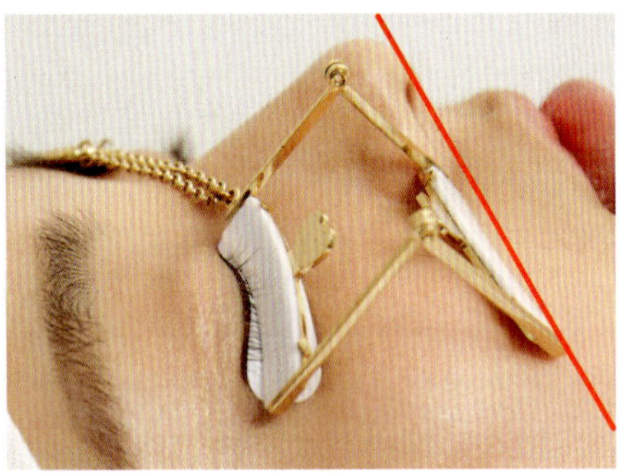	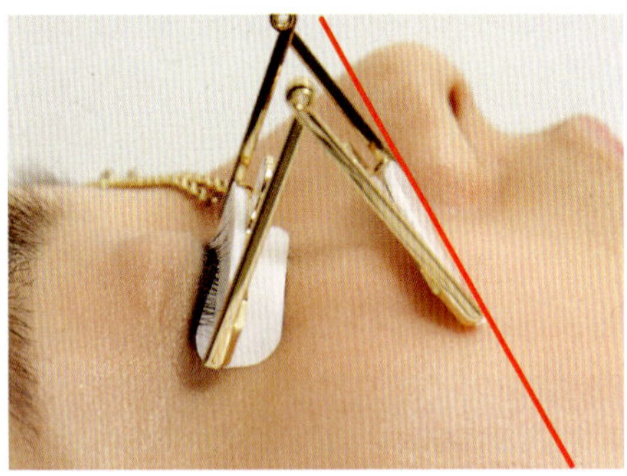
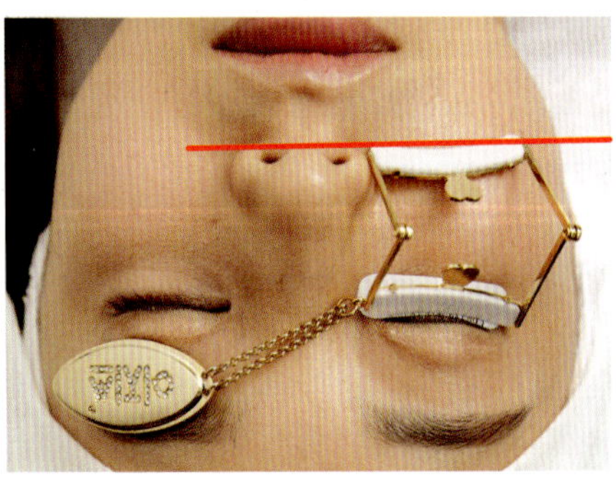	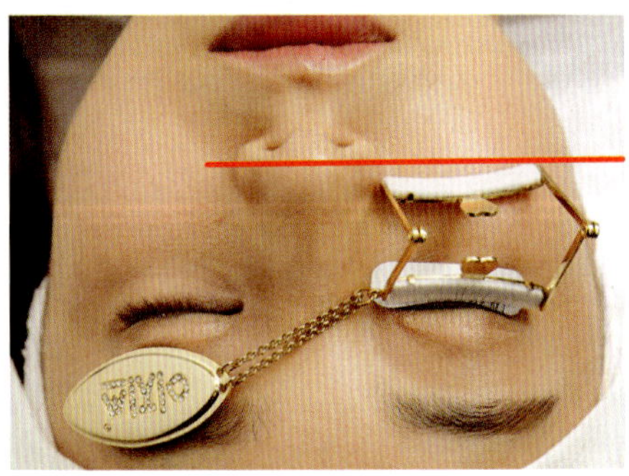

J컬을 원하면 코끝 선에, C컬을 원하거나 눈을 크게 만들고 싶으면 속눈썹 기기판의 각도를 좁혀 눈 쪽으로 올리면 된다.

(2) 4열 제거

4열에 1~5개 나 있는 속눈썹을 속눈썹 가위로 잘라준다.

속눈썹은 4열로 이루어져 있으며 눈썹 쪽에 가장 가까운 열이 4열이다. 4열의 속눈썹은 몇 가닥 되지 않으며 연장 시에 방해가 되고 연장을 해도 아름답게 연출되지 않으므로 제거하는 것이 편리할 뿐만 아니라 뚜렷한 눈매를 만들 수 있어서 좋다.

각 도	
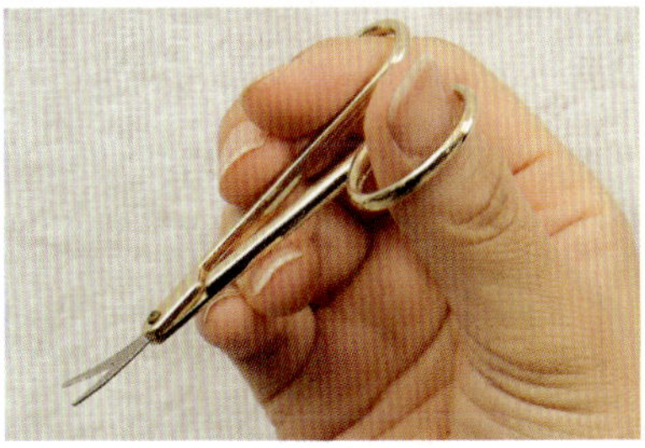	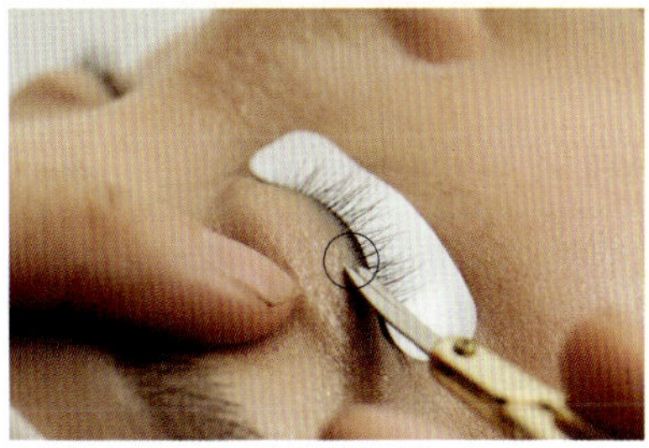

그림 6-1 4열 제거 시 가위 잡는 방법

속눈썹 4열 사례	
사례 1	사례 2
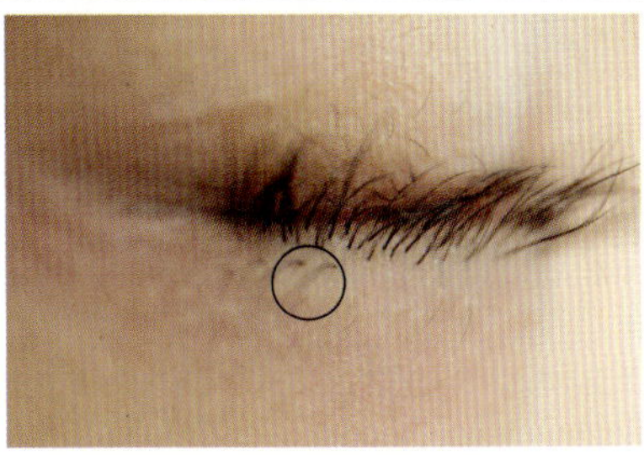	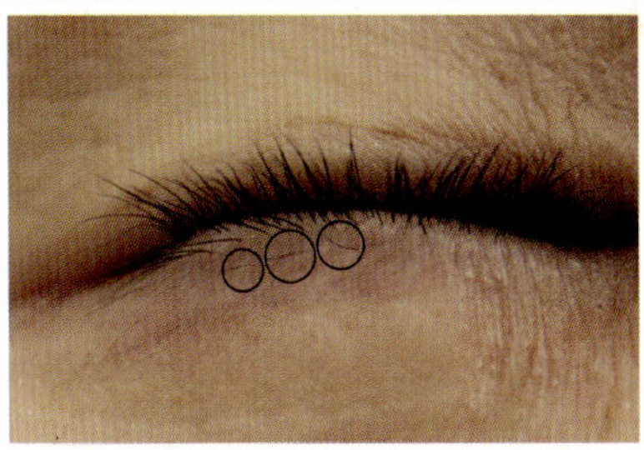
속눈썹 4열 제거 전	속눈썹 4열 제거 작업
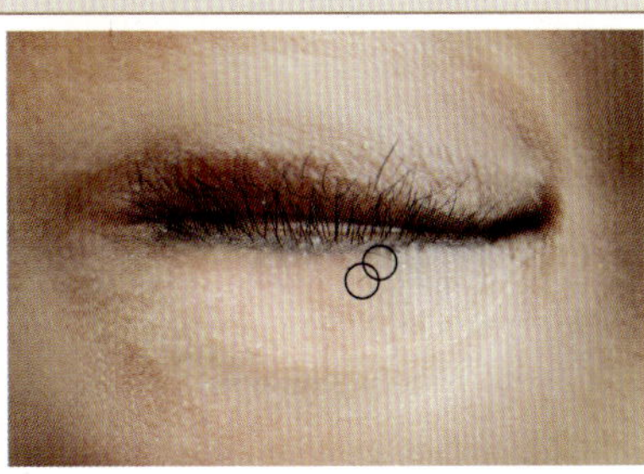	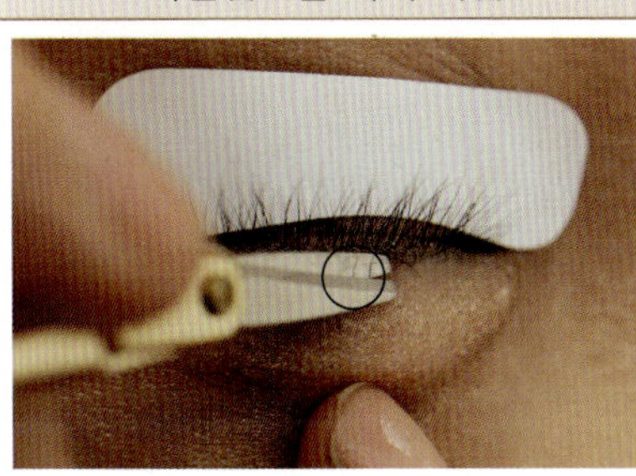

(3) 속눈썹 분리방법

A- 속눈썹 기기를 이용하여 분리하는 방법

동양인의 속눈썹은 일반적으로 2~3열이며 위 속눈썹은 약 100~200개 정도로 그 중 약 30~80개가 연장이 가능한 속눈썹이다. 속눈썹을 많이 붙인다고 좋은 것은 아니며 건강한 속눈썹에 붙이는 것이 중요하다.

스피드 속눈썹 기기 사용 방법에 있어서 가장 중요하고 숙련을 요하는 시술이 속눈썹 분리방법이다. 속눈썹 분리 시 스피드 속눈썹 기기 판을 이용하며 기기 판을 눈 밑에 대고 기기 판의 홈을 이용하여 속눈썹을 분리시킨다.

이때 가장 긴 속눈썹 끝 부분을 속눈썹 기기 판에 올려 앞쪽으로 당기면 긴 속눈썹만 판 위에 남게 된다.(가장 긴 속눈썹-긴 속눈썹- 짧은 속눈썹 순서로 분리한다)

기기를 이용하여 분리	분리한 속눈썹을 방사 형태로 퍼뜨린 모습
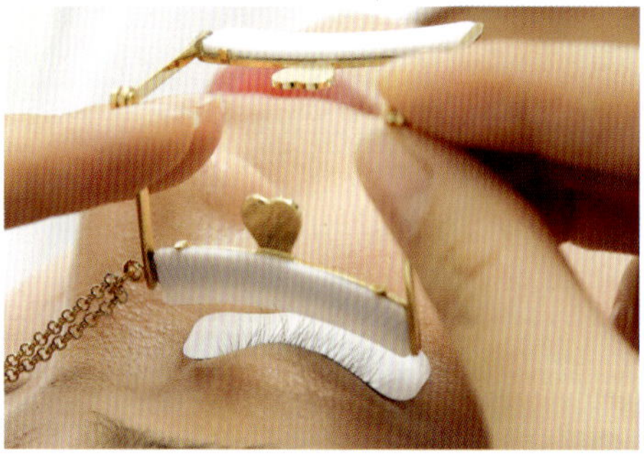	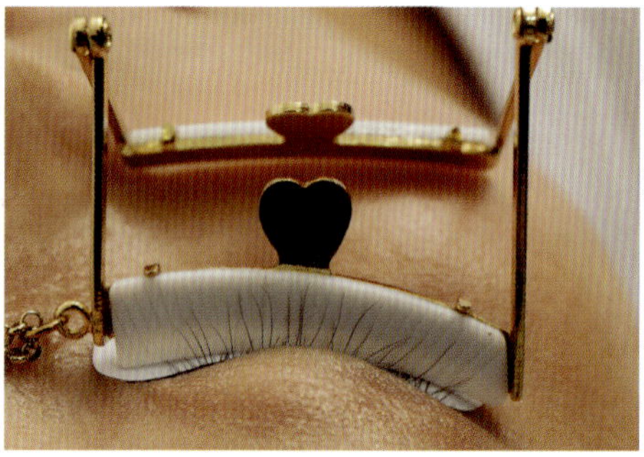

B- 분리솔을 이용하여 분리하는 방법

① 분리솔을 이용하여 속눈썹을 분리하기 위해 솔을 라운드 모양으로 만든다.

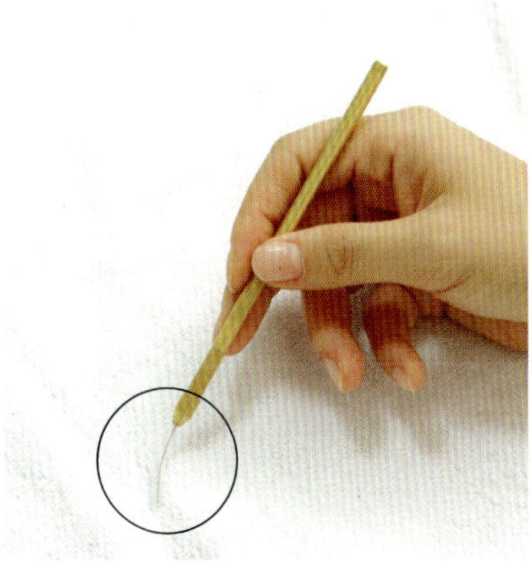

- 분리솔은 매우 유연하고 부드러워 쉽게 구부리고 펼 수 있으므로 눈 모양에 맞춰 라운드 형태로 만들어 준다.
- 분리대가 수평이 되도록 하고 분리솔은 라운드 모양을 만들어 자유자재로 사용할 수 있도록 오른손 엄지와 검지를 이용해 편안하게 쥔다.

② 분리솔을 이용하여 속눈썹을 분리한다. 분리솔로 속눈썹을 백콤 처리하면서 가장 긴 속눈썹을 기기 판에 올려 놓는다. 속눈썹 숱이 적은 사람은 긴 속눈썹 끝부분만 분리솔로 살짝 들어 속눈썹 기기 판에 올려놓는다.(가장 긴 속눈썹만 올린다)

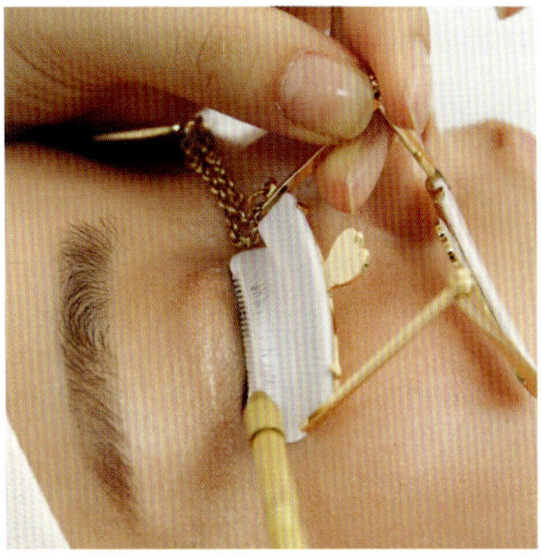

- 분리솔을 이용하여 1차 10~20개의 속눈썹을 분리하는 작업으로 홈을 이용하여 속눈썹을 연장하기 좋게 구분하기 때문에 작업이 간단해지고 시간이 단축된다. 이때 속눈썹을 **홈 안에 안치시켜서는 안 된다.**

③ 1차 분리한 속눈썹을 기기에 안치한다.

- 속눈썹 백콤 방법－약간 라운드를 준 분리솔의 머리 부분으로 속눈썹 결 방향 위를 향해 2번 정도(숱이 보통인 경우는 2번, 숱이 많은 경우는 3번) 잔속눈썹을 밀어낸다.(머리카락을 백콤처리할 때처럼)

  짧은 속눈썹은 빠져나가고 연장할 긴 속눈썹만 남게 된다.

【주의사항】

❶ 눈의 길이나 속눈썹 상태에 따라서 2~3등분하여 분리할 수 있다. 분리솔을 이용하여 속눈썹 중앙부분에서 분리하고, 눈 양끝 쪽의 공간은 보조 봉을 이용하여 1~3개 정도 기기판 위로 끌어 올린다.

❷ 분리솔을 이용하여 연장할 긴 속눈썹을 가려내야 하므로 감각과 테크닉이 요구되며 숙련이 필요하다.

❸ 손에 힘을 빼고 분리솔로 가장 긴 속눈썹을 살짝 들어 수평으로 당기면서 기기판 위에 올려놓는다. 짧은 속눈썹은 아래로 떨어지고 연장이 가능한 긴 속눈썹만 남게 된다.

❹ 분리솔을 이용하여 1회에 약 10~20개 정도 분리하여 속눈썹 기기 위에 안치한다.

④ 올린 속눈썹을 방사 형태로 퍼트리기 위해 분리솔로 방사 형태로 빗질을 한다.

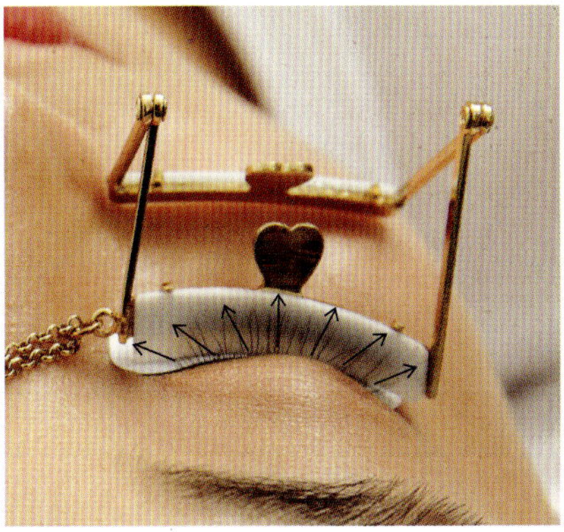

- 스피드 속눈썹 기기판에 남은 속눈썹을 빗질하여 방사 형태로 퍼트린다.
- 속눈썹 연장 후 속눈썹의 모류방향에 따라 컬이 위치를 잡기 때문에, 방사 형태로 퍼뜨릴 때 속눈썹 각도를 염두에 둘 필요는 없다.

(4) 속눈썹 연장방법 -1차

① 스피드 속눈썹 기기 판 위의 홈을 이용하여 15~20개 정도의 속눈썹을 분리한 다음 X-핀셋을 이용하여 신속하게 연장시킨다.

연장작업

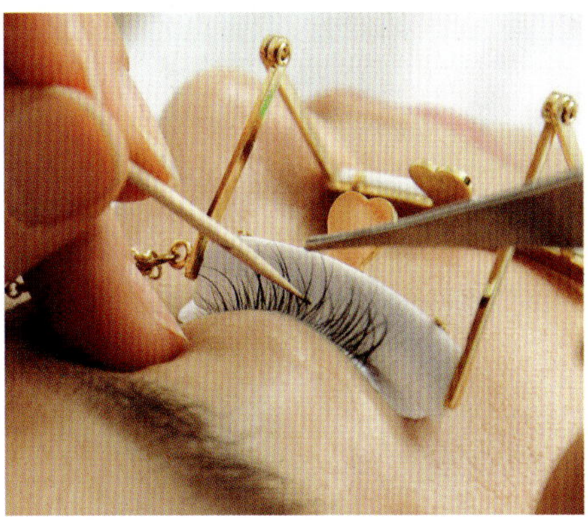

- 속눈썹을 스피드 속눈썹 연장 기기 판 위에 올렸을 때 이탈된 속눈썹이 한 두 개 있어도 옆의 속눈썹과 무관하게 독립적으로 기기 위에 걸쳐져 있다면 기기가 지지대 역할을 해주기 때문에 속눈썹을 연장해도 무방하다.
- 스피드 속눈썹 기기의 홈은 그 안으로 속눈썹을 들어가는 게 아니라 속눈썹들이 서로 붙지 않도록 경계를 만들고 정확하게 밀착하도록 지지대 역할을 한다.

② **연장한 속눈썹을 기기판으로부터 분리시킬 때는 일자 핀셋을 이용하여 연장한 속눈썹을 기기의 홈 쪽으로 살살 밀어 판에서 분리시킨다.** 기기는 특수판으로 되어 있어 글루가 잘 붙지 않지만 속눈썹이 워낙 미세해서 살짝만 붙어도 자극을 받을 수 있으므로 분리작업시 주의해야 한다.

(5) 속눈썹 연장방법 -2차

2차 속눈썹을 분리한 후 속눈썹을 연장한다. 이 때 1차 연장한 속눈썹을 같이 올려서 연장한다. 2차 연장은 1차 연장과 달리 작업 시 보조 봉을 이용하여 징검다리 연장방법을 써서 연장하는데, 그 이유는 연장한 속눈썹들이 서로 달라붙는 걸 방지하기 위해서이다.

징검다리 연장방법

(6) 속눈썹 연장방법 -3차

전체 속눈썹을 속눈썹 연장 기기판에 올리고 2차와 마찬가지로 보조 봉을 이용하여 징검다리 방법으로 연장한다.

3차 속눈썹 연장방법

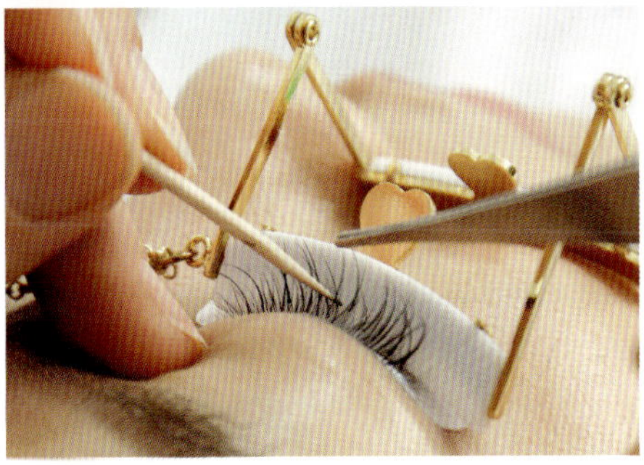

(7) 속눈썹 연장방법 -4차

기기를 이용하여 베이스 속눈썹을 약 30~50개 정도 연장한 다음 그라데이션 작업을 통해 아름답고 자연스러운 속눈썹을 연출한다.

베이스 완성	그라데이션 작업
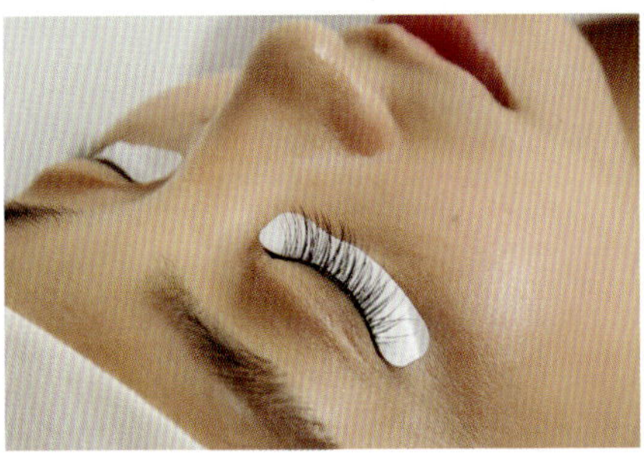	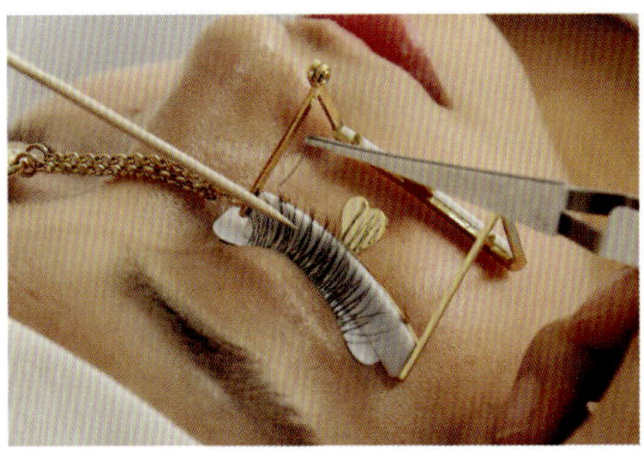

한쪽 속눈썹 연장 작업을 마무리한 다음 (1)~(7)의 절차에 따라 다른 쪽 속눈썹의 연장시술을 시행한다.

한쪽 속눈썹 연장 완성	다른 쪽 작업

(8) 마무리 작업

양쪽 눈의 연장 시술을 마친 다음 마무리 작업(드라이 건조→위생테이프 제거→지압)을 한다.

① 드라이(냉풍)로 아래에서 위를 향해 말려준다. 코에 바람이 들어가면 호흡이 곤란하고 불쾌하므로 코를 가리고 얼굴 바깥쪽으로 드라이 한다. (손풍기를 이용해도 된다)

드라이 방법

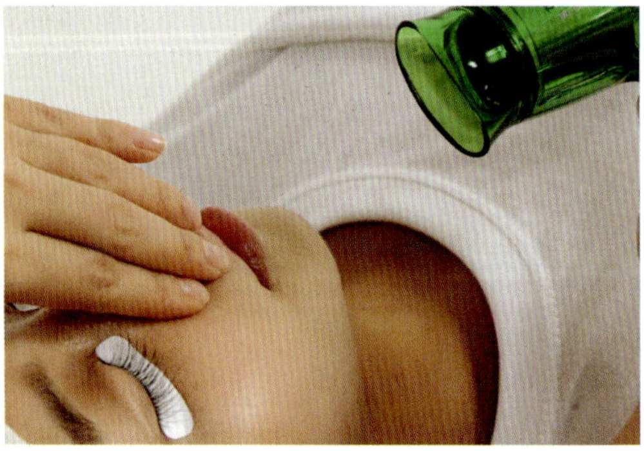

- 고객의 가슴 위치에서 오른손으로 드라이기를 잡고 왼손으로 고객의 코를 가린다.
- 드라이 머리 부분은 속눈썹 컬이 쳐지지 않도록 위쪽으로 향하게 하고 바깥쪽 방향으로 하여 냉풍으로 드라이 한다.
- 드라이기의 방향을 바꿀 때에는 위로 들고서 위치를 바꾼다.
- 너무 강한 바람은 좋지 않다.

② 눈 밑에 붙인 위생테이프를 떼어낸다. 한쪽 손가락으로 꾹꾹 눌러 지압하면서 떼어야 피부의 늘어짐을 막을 수 있다.

위생테이프 제거작업	제거 시 주의사항
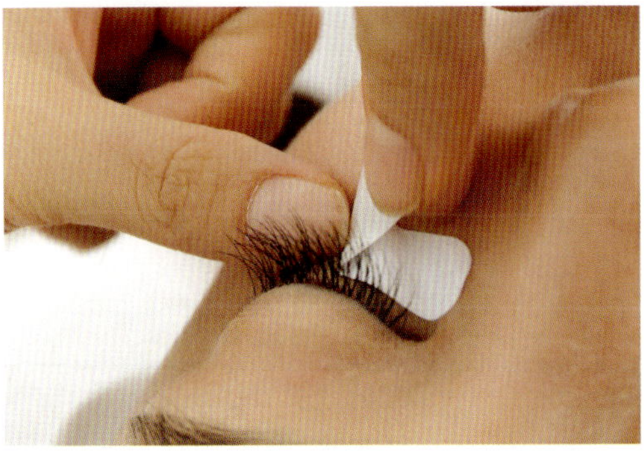	▪ 눈 주위를 지압할 때 손톱이 길면 상처를 낼 수 있으므로 손톱을 짧게 한다. ▪ 손가락에 힘을 빼고 가볍고 경쾌하게 지압한다. 손가락을 질질 끌면서 지압을 해서는 안 된다. ▪ 지압이 완전히 끝난 후 고객의 눈을 뜨게 한다.

③ 눈은 가장 예민한 감각기관이며 눈 주변의 피부는 얼굴의 피부 중 가장 얇은 부위로, 눈 주위의 경혈점을 이용하여 2회 정도 지압해 주면 눈의 피로를 풀어주고, 눈 밑에 붙인 테이프로 인해 피부가 늘어나는 것을 예방할 수 있다.

눈의 경혈점

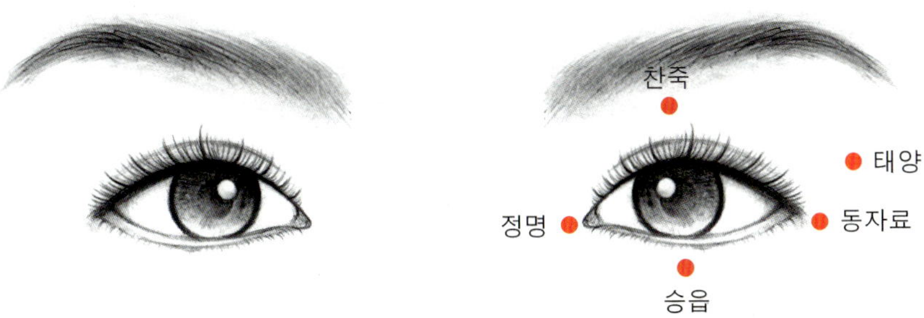

경혈점	설명	효능
① 정명	눈머리 앞쪽을 눌렀을 때 오목한 지점	눈물샘을 자극하여 안구의 건조를 예방한다.
② 찬죽	눈썹 안쪽 끝부분을 눌렀을 때 오목한 지점	눈가주름을 완화시키고 눈 붓기제거를 해준다.
③ 동자료	눈꼬리 지점	눈가주름을 예방한다.
④ 승읍	눈동자 정중앙 바로 아래	안구를 편안하게 해 준다. 눈가 늘어짐을 방지한다.
⑤ 태양	관자놀이	시력저하를 예방하고 눈의 피로를 풀어준다.

(9) 리무버 사용방법

준비물	일자핀셋, 분리솔, 크림타입 리무버, 마이크로 면봉, 면봉. 알코올

① 연장한 속눈썹에 크림타입의 리무버를 바른 후 2~3분 둔다.(이때 피부에 리무버가 묻지 않도록 주의한다)

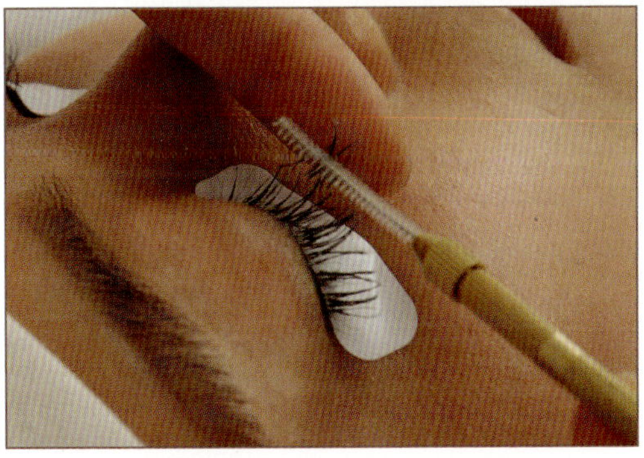

② 2~3분 후 분리솔로 빗질을 한다.

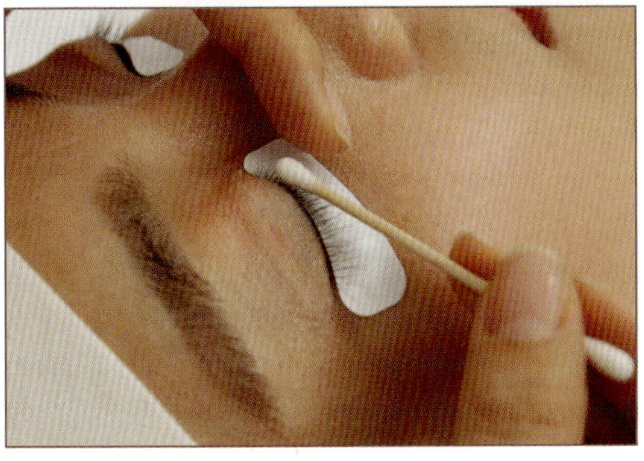

③ 면봉으로 속눈썹을 깨끗하게 닦고 후처리한다.

④ 사용한 분리솔은 알코올로 소독한다.

(10) 속눈썹 연장 기기 소독 및 기기판 재생방법

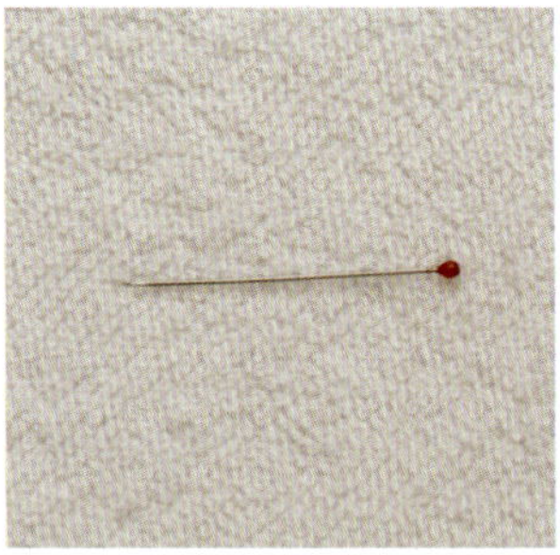

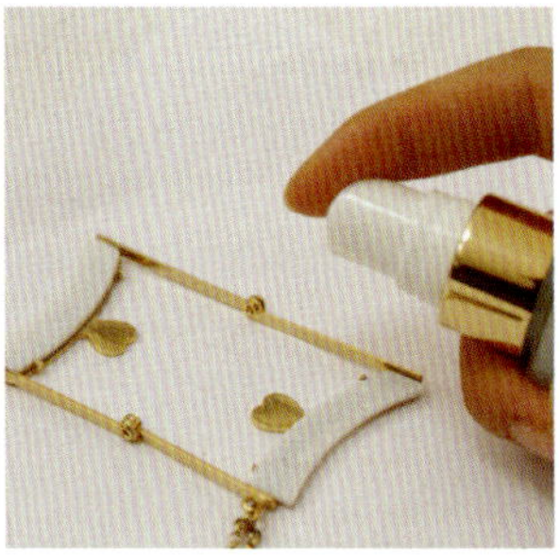

- 시술 후 속눈썹 기기에 글루가 묻었을 경우 리무버를 바르고 2분 후 티슈로 닦아낸다.
- 비취옥이 있는 고정원판은 부드러운 수건으로 닦는다.
- 홈 안에 이물질이나 글루가 묻었을 경우 미세 바늘을 이용하여 제거한다.
- 재생 크리너를 분사한 후 수건으로 닦는다.

그림 6-2 속눈썹 연장 후 볼륨 비교

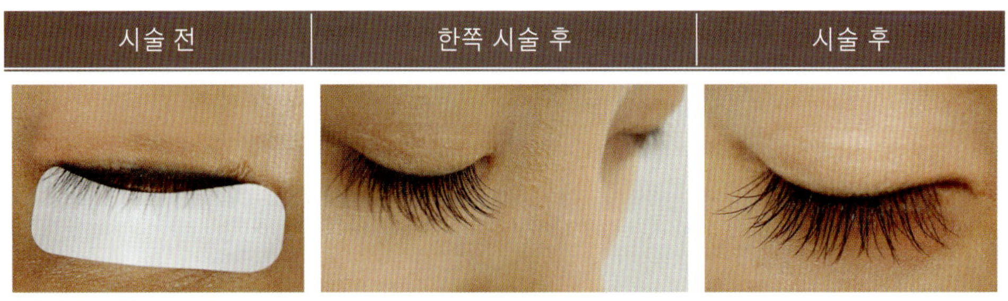

그림 6-3 속눈썹 연장 전 · 후 비교

스피드 20분 완성 스피드 속눈썹 연장 기기 시술방법 포인트

① 아래 속눈썹 부분에 위생 테이프를 붙인다.

② 속눈썹 가위로 4열을 제거한다.

③ 스피드 속눈썹 연장기기를 올려 놓는다.
옥이 있는 고정원판 부분은 반대쪽 눈두덩 위에 놓고, 속눈썹 기기 판은 콧부리 아래 선에 맞춰 놓는다.

④ 속눈썹 기기판 위에 속눈썹을 올려 15~20개 정도 분리한다.

A. 속눈썹 기기 판을 이용하여 분리하는 방법
속눈썹 기기 판을 이용하여 긴 속눈썹 끝부분만 앞쪽으로 당겨서 분리한다.

B. 분리솔을 이용하여 분리하는 방법 - 1회 분리솔을 이용하여 분리한다.
(3~4번 정도 백콤하면 짧은 속눈썹은 빠지고 연장할 수 있는 긴 속눈썹만 남는다)
* 빈공간은 보조 봉으로 살짝 몇 개씩 올린다.

⑤ 분리솔이나 기기 판으로 분리한 속눈썹을 기기 판 위에 올려놓을 때 눈에 바짝 붙이지 않고 2~3mm 정도 공간을 확보한다.

⑥ 속눈썹 기기 판에 분리된 속눈썹을 방사 형태로 넓게 퍼뜨린다.

⑦ 속눈썹을 연장한 후 속눈썹 연장 기기 판에서 분리시킬 때 일자핀셋으로 속눈썹 뿌리 부분에서부터 위쪽으로 속눈썹 연장 기기 판을 살살 밀듯이 떼어낸다.

⑧ 분리솔이나 속눈썹 연장 기기 판을 이용하여 2차 분리 및 연장 작업을 실시한다.
속눈썹 연장 기기 판에 올릴 때 1차 연장한 속눈썹도 같이 기기판 위에 올린다.
이러한 방식으로 속눈썹을 10~20개씩 2~3회 분리, 연장해 나가면 20분 안에 좌우 속눈썹 연장을 마무리할 수 있다.
속눈썹을 모두 올려서 부족한 부분은 보조 봉으로 조심스럽게 속눈썹과 속눈썹 사이를 벌려서 시술한다.

⑨ 같은 방법으로 반대쪽 속눈썹을 연장한다.

⑩ 사용한 속눈썹 연장 기기는 기기판 부분만 리무버로 닦고 전체적으로 재생크리너를 분사하여 닦는다.

2) 기존 수작업 방식과 스피드 속눈썹 기기 방식 비교

비교 기준	기존 수작업 방식	스피드 속눈썹 기기 방식
시술시간	1시간~1시간 30분 (1년 이상 숙련할 경우)	20~30분 (2~4주 교육 후)
시술자 연령대	10~30대	10~60대까지 가능
위생상태	비위생적 (손으로 작업)	위생적 (스피드 속눈썹 기기로 작업)
안전성 여부	불안전 (눈에 접착제가 들어갈 수 있다.)	안전 (속눈썹 기기 판이 속눈썹 밑 부분을 받치고 있어 안전하다.)
만 족 도	고객 불편(장시간 시술)	고객만족(단시간 시술)
시간 절약 (시간 경쟁력)	고객과 시술자 모두 장시간 시술로 불편	고객과 시술자 모두 짧은 시간 시술로 만족
지 속 력	3주~4주	3주~4주
경 쟁 력	매출 증가 어려움	매출 3배~5배 증가
디 자 인	J컬, C컬, CC컬, JC컬 등 컬을 이용하여 디자인 연출	J컬 하나로 다양하게 디자인 연출 가능
이미지 미용성형	이미지 성형의 효과가 없음	이미지 성형효과

2 스피드 속눈썹 기기를 이용한 속눈썹 연장의 이미지 성형효과

시술 전

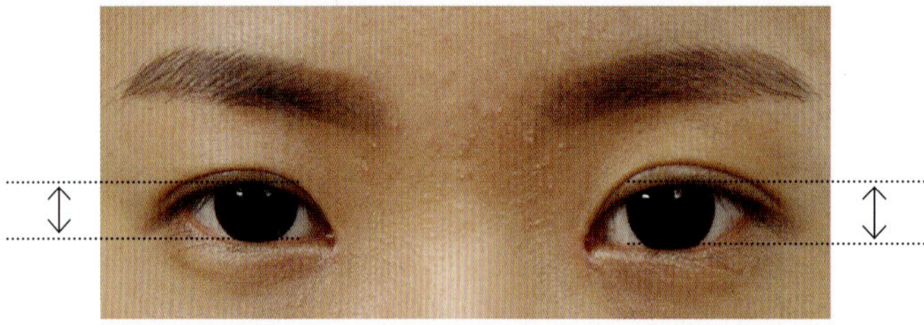

시술 후

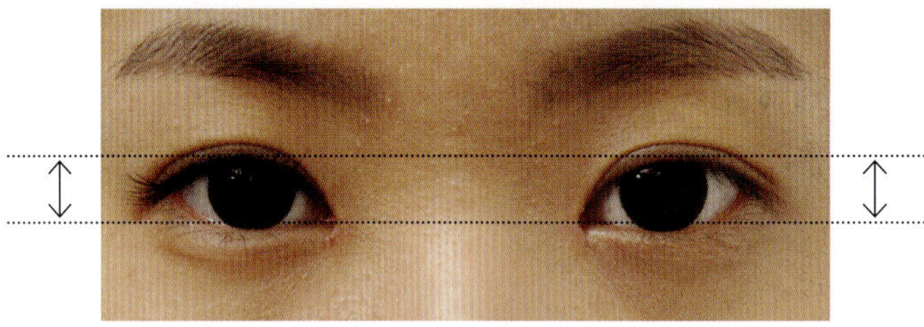

속눈썹 연장술은 일반적으로 속눈썹을 길고 풍성하고 아름답게 해주며, 스피드 속눈썹 연장술은 일시적으로 눈을 더 크게 만들어주는 효과가 있다. 작업 시 속눈썹 연장 기기의 기본 위치는 코끝선이지만 위치를 눈 쪽으로 올려 각도를 10~30도 낮추면 속눈썹 뿌리에서부터 컬이 올라가 눈이 커 보인다.

성형이 아니라 영구적이지는 않지만, 작은 눈이 전체적으로 커보이는 효과뿐만 아니라 짝눈의 경우 두 눈의 각도를 달리하여 속눈썹을 연장하면 눈의 크기가 비슷해 보이고, 속눈썹 기기의 각도 조정을 응용하면 속눈썹 연장으로 인한 뒤트임 현상으로 쳐진 눈의 쳐진 부분이 어느 정도 올라가는 걸 확인할 수 있다.

3 언더래쉬(Underlashes)

언더래쉬는 아래 속눈썹을 연장하여 길고 풍성하고 매력적인 눈으로 포인트를 주는 방법이다. 현재 일본에서 유행하는 언더래쉬 시술은 눈을 뜬 상태에서 작업하므로 글루를 잘 선택해야 한다. 가속눈썹의 길이는 5mm~6mm가 적당하며 너무 길게 속눈썹을 연장하면 아래 속눈썹과 위 속눈썹이 서로 엉킬 수 있으므로 주의를 요한다.

시술 전	시술 후

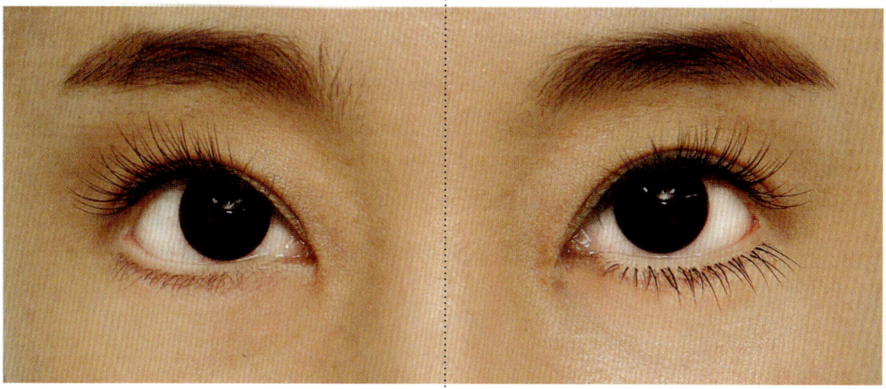

Chapter 7

스피드 속눈썹 연장
(실전편)

Chapter 07
스피드 속눈썹 연장
응용편

1 속눈썹의 형태별 가속눈썹 연출법

속눈썹은 인종, 나이, 성별에 따라 형태가 다양하다. 속눈썹의 형태는 크게 세 가지로 나누는데 첫째, 속눈썹이 자라난 방향에 따른 형태, 둘째, 속눈썹 길이에 따른 형태, 셋째, 속눈썹이 자라난 각도에 따른 형태로 분류할 수 있다.

1) 속눈썹이 자라난 방향에 따른 형태

속눈썹은 안검 가장자리에서 성장하는 모발의 일종으로 자라 나오는 경사와 흐름을 가지고 있는데, 이것을 속눈썹의 모류(毛流)라고 한다. 모류의 방향은 태어나면서 정해지는 것으로 방향에 따라 속눈썹의 모양도 다양하다.

방향적 형태는 네 가지로 분류한다.

(1) 사선형

눈 안쪽에서 바깥으로 향하는 방향성을 가진 형태를 말한다. 사선형의 속눈썹에는 연장술을 이용하여 모류의 방향을 직선형으로 잡아주는 방법과 눈꼬리 방향으로 향하는 속눈썹을 그대로 유지하면서 눈꼬리 속눈썹에 더 긴 원사를 연장하여 포인트를 주는 방법이 있다.

(2) 직선형

속눈썹이 일직선의 모류 형태를 말하며 대체로 속눈썹이 길고 각도가 처진 경우가 많다. 이런 형태의 속눈썹은 현재의 모류 방향대로 연장을 하되, 눈 앞머리와 눈꼬리를 방사형의 모류 방향대로 퍼뜨려 연장해 주면 더욱 시원한 눈매를 연출할 수 있다.

(3) 방사형

눈 모양처럼 자연스럽게 퍼지는 방향성을 가진 형태를 말한다. 이상적인 모류의 방향이며, 이러한 형태의 속눈썹은 본래의 방향 그대로 연장해주면 아름다운 속눈썹이 연출된다.

(4) 교차형

일정한 방향성을 갖지 않고 각자 자유자재로 교차된 속눈썹의 모류방향을 말한다. 교차형 속눈썹은 속눈썹 연장 시 다른 속눈썹에 비해 어려움이 있는 형태이다. 연장 시 글루가 잘 굳지 않은 상태에서 교차방향 그대로 놓으면 연장된 속눈썹이 서로 붙는 경우가 있어 기술적으로 세심한 주의가 필요하다. 한 가닥 연장 후 바로 옆의 속눈썹을 연장하기보다는 떨어져 있는 속눈썹들을 연장함으로써 서로 엉겨 붙지 않도록 주의하며 시술하는 것이 좋다.

2) 속눈썹 길이에 따른 형태

속눈썹의 수명은 3~5개월이며 하루에 0.07~0.1mm 정도 성장한다. 한국인의 속눈썹 길이는 평균 약 6mm로 짧은 편에 속하며, 서양인의 속눈썹의 길이는 평균 약 10mm로 긴 편에 속한다.

(1) 긴 길이 속눈썹(long length eyelashes)

긴 길이의 속눈썹은 길이가 보통 11~13mm 정도이다. 속눈썹을 연장할 때 길이보다는 볼륨에 초점을 맞추면 길고 풍성한 속눈썹을 연출할 수 있다.

(2) 중간 길이 속눈썹(medium length eyelashes)

중간 길이의 속눈썹은 9~10mm 정도이다. 속눈썹을 연장할 때 길이가 긴 원사를 선택하여 본래의 길이보다 더 길어보이게 연장하는 것이 효과적이다.

(3) 짧은 길이 속눈썹(short length eyelashes)

짧은 길이의 속눈썹은 5~8mm 정도이다. 짧은 길이의 속눈썹에 길이가 긴 원사를 사용하면 눈썹 길이뿐만 아니라 눈 모양의 수정효과까지 볼 수 있다. 한국인의 속눈썹 길이는 평균 약 6mm로 대부분 짧은 길이의 속눈썹이다.

3) 속눈썹이 자라난 각도에 따른 형태

각 도	특 징
20°	평균적으로 속눈썹이 자란 각도로 원사로 비교하면 J컬의 각도와 같다.
35°	속눈썹에 컬링감이 살짝 있는 정도의 각도로 원사로 비교하면 JC컬의 각도와 같다.
45°	속눈썹에 컬링감이 들어간 상태로 뷰러 등으로 연출이 가능하며 원사로 비교하면 C컬의 각도와 같다.

2 눈의 형태별 가속눈썹 연출법 (속눈썹 그라데이션)

눈은 얼굴의 인상을 좌우할 만큼 중요한 비중을 차지하는 외모 부위 중 하나이다. 눈을 강조하는 메이크업이 21세기 들어서 더욱 부각되고 있으며, 속눈썹 또한 강조되고 그 용도도 다양해졌다. 눈을 돋보이게 강조하는 수단의 하나로써 속눈썹 연장술은 눈의 형태적 특성을 파악하고 형태에 따라 속눈썹을 연장하고 그라데이션 기법의 디자인을 함으로서 자연스러우면서 눈의 단점을 커버하는 효과를 얻게 한다. 특히 스피드 속눈썹 연장 기기를 이용한 속눈썹 연장은 눈의 단점을 커버하는데 있어서 만족도가 매우 높다.

다음은 눈의 형태에 따른 속눈썹 디자인 테크닉을 나타낸 것이다. 기준을 11mm로 하였으며 눈을 5등분하여 눈앞머리, 눈앞머리와 중앙 사이, 눈 중앙, 눈 중앙에서 눈꼬리 사이, 눈꼬리 뒷부분으로 나누어 구분하였다. 컬은 J컬을 사용하는데, 속눈썹 연장기기를 사용하면 J컬만으로도 각도조절로 다양한 컬을 만들 수 있다. 속눈썹 길이에 따라 길게도 짧게도 붙일 수 있고, 눈에 포인트를 주고 싶은 부분은 굵은 데니아의 가속눈썹을 믹스하거나 숱을 풍성하게 하여 연출할 수 있다.

눈의 5등분

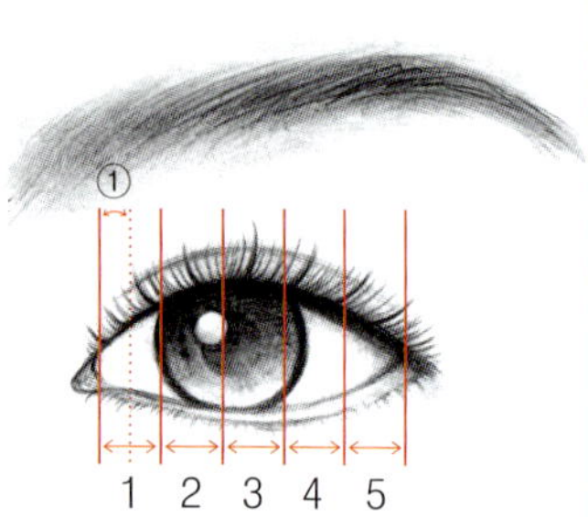

1. 눈앞머리
   ①부분은 가능한 연장하지 않는 것이 눈의 건강상 좋다.
2. 눈앞머리와 중앙사이
3. 눈 중앙
4. 눈 중앙에서 눈 꼬리사이
5. 눈꼬리

1) 큰 눈

(1) A타입 (둥근 형 얼굴, 사각 형 얼굴)

이미지		감정이 풍부하고 시원스럽고 진취적으로 보인다.	
속눈썹 연출법		이상적인 형태이므로 본인의 속눈썹의 길이와 유사하거나 1.2배 정도 긴 원사를 사용하여 본래의 이미지를 유지시키면서 속눈썹으로 인해 얼굴형이 길어 보이는 효과를 주도록 한다. A타입은 속눈썹을 부채꼴로 만들어 준다.	
속눈썹 디자인		연장 전	연장 후
1	8~9 mm		
2	10~11mm		
3	11mm		
4	10~11mm		
5	10mm		
포인트	3~4지점		
기기의 각도	코끝		

(2) B타입 (타원 형 얼굴, 장방 형 얼굴)

<table>
<tr><td colspan="2">이미지</td><td colspan="2">감정이 풍부하고 시원스럽고 진취적으로 보인다.</td></tr>
<tr><td colspan="2">속눈썹 연출법</td><td colspan="2">이상적인 형태이므로 본인의 속눈썹 길이와 유사하거나 1.2배 정도 긴 원사를 사용하여 본래의 이미지를 유지시키면서 속눈썹으로 인해 얼굴형이 길어 보이는 효과를 주도록 한다. B타입은 속눈썹을 부채꼴로 만들어 준다.</td></tr>
<tr><td colspan="2">속눈썹 디자인</td><td>연장 전</td><td>연장 후</td></tr>
<tr><td>1</td><td>8~9 mm</td><td rowspan="7"></td><td rowspan="7"></td></tr>
<tr><td>2</td><td>10~11mm</td></tr>
<tr><td>3</td><td>11mm</td></tr>
<tr><td>4</td><td>10~11mm</td></tr>
<tr><td>5</td><td>10mm</td></tr>
<tr><td>포인트</td><td>3~4지점</td></tr>
<tr><td>기기의 각도</td><td>코끝</td></tr>
</table>

2) 균형 잡힌 눈

<table>
<tr><td colspan="2">이미지</td><td colspan="2">발랄하고 우아하며 너그러운 이미지 등 다양한 이미지를 지니고 있다.</td></tr>
<tr><td colspan="2">속눈썹 연출법</td><td colspan="2">이상적인 형태이므로 본인의 속눈썹의 길이와 유사하거나 1.2배 정도 긴 원사를 사용하여 눈이 깊어 보이게 하여 매혹적인 이미지를 만든다.</td></tr>
<tr><th colspan="2">속눈썹 디자인</th><th>연장 전</th><th>연장 후</th></tr>
<tr><td>1</td><td>8~9mm</td><td rowspan="7">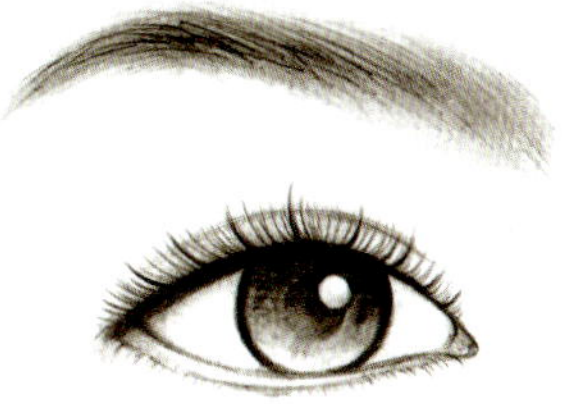</td><td rowspan="7">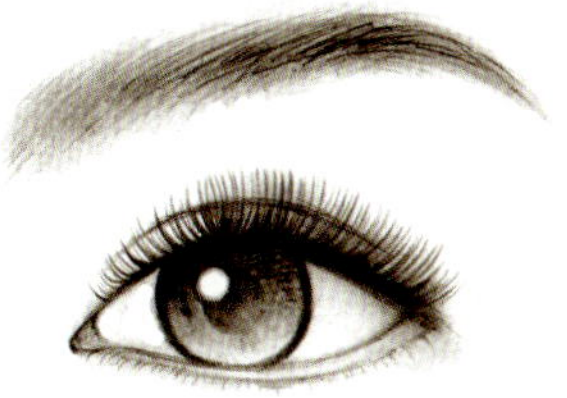</td></tr>
<tr><td>2</td><td>9~10mm</td></tr>
<tr><td>3</td><td>10~11mm</td></tr>
<tr><td>4</td><td>11mm</td></tr>
<tr><td>5</td><td>11mm</td></tr>
<tr><td>포인트</td><td>3지점</td></tr>
<tr><td>기기의 각도</td><td>코끝</td></tr>
</table>

3) 작은 눈

<table>
<tr><td colspan="2">이미지</td><td colspan="2">소극적이고 답답해 보이는 경향이 있다.</td></tr>
<tr><td colspan="2">속눈썹 연출법</td><td colspan="2">전체적으로 본인의 속눈썹에 1.5배 이상의 긴 원사를 사용하고 원사의 양을 풍성하게 하면 눈매가 전체적으로 커 보이는 효과를 얻을 수 있다.</td></tr>
<tr><td colspan="2">속눈썹 디자인</td><td>연장 전</td><td>연장 후</td></tr>
<tr><td>1</td><td>9mm</td><td rowspan="7"></td><td rowspan="7">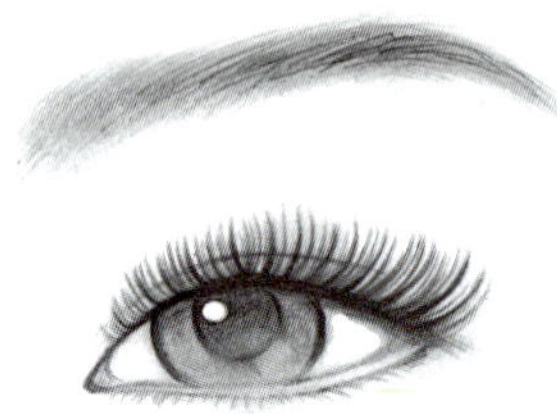</td></tr>
<tr><td>2</td><td>9~11mm</td></tr>
<tr><td>3</td><td>11mm</td></tr>
<tr><td>4</td><td>11mm</td></tr>
<tr><td>5</td><td>11~12mm</td></tr>
<tr><td>포인트</td><td>3~5지점</td></tr>
<tr><td>기기의 각도</td><td>코 중앙</td></tr>
</table>

4) 둥근 눈

<table>
<tr><td colspan="2">이미지</td><td colspan="2">경쾌하고 밝으며 명랑하게 보이는 반면 놀라고 당혹스러워하는 이미지도 있다.</td></tr>
<tr><td colspan="2">속눈썹 연출법</td><td colspan="2">눈꼬리 부분을 길게 연장하여 이상적인 눈 모양으로 연출하여 편안하고 안정된 이미지를 표현한다.</td></tr>
<tr><td colspan="2">속눈썹 디자인</td><td>연장 전</td><td>연장 후</td></tr>
<tr><td>1</td><td>9~10mm</td><td rowspan="7"></td><td rowspan="7"></td></tr>
<tr><td>2</td><td>10~11mm</td></tr>
<tr><td>3</td><td>11mm</td></tr>
<tr><td>4</td><td>11~12mm</td></tr>
<tr><td>5</td><td>12mm</td></tr>
<tr><td>포인트</td><td>4~5지점</td></tr>
<tr><td>기기의 각도</td><td>코끝</td></tr>
</table>

5) 가는 눈

<table>
<tr><td colspan="2">이미지</td><td colspan="2">섬세하고 예리하며 자칫 냉정해 보이기도 한다.</td></tr>
<tr><td colspan="2">속눈썹 연출법</td><td colspan="2">중앙 부분에 포인트를 주고 부채 모양의 그라데이션 기법으로 연장하여 둥근 눈의 효과를 주어 발랄하고 부드러워 보이는 이미지를 연출한다.</td></tr>
<tr><td colspan="2">속눈썹 디자인</td><td>연장 전</td><td>연장 후</td></tr>
<tr><td>1</td><td>9~10mm</td><td rowspan="7"></td><td rowspan="7"></td></tr>
<tr><td>2</td><td>10~11mm</td></tr>
<tr><td>3</td><td>11mm</td></tr>
<tr><td>4</td><td>10~11mm</td></tr>
<tr><td>5</td><td>10mm</td></tr>
<tr><td>포인트</td><td>3지점</td></tr>
<tr><td>기기의 각도</td><td>코 중앙</td></tr>
</table>

6) 올라간 눈

이미지	날카롭고 예리하며 거만하고 고집스러운 이미지다.
속눈썹 연출법	올라간 눈꼬리를 커버하면서 눈을 크게 만들어 온화하고 부드러운 이미지를 연출한다. 속눈썹 연장 기기의 각도를 조절해 가면서 포인트를 같이 적용하여 효과를 높여야 한다.

속눈썹 디자인		연장 전	연장 후
1	9~11mm	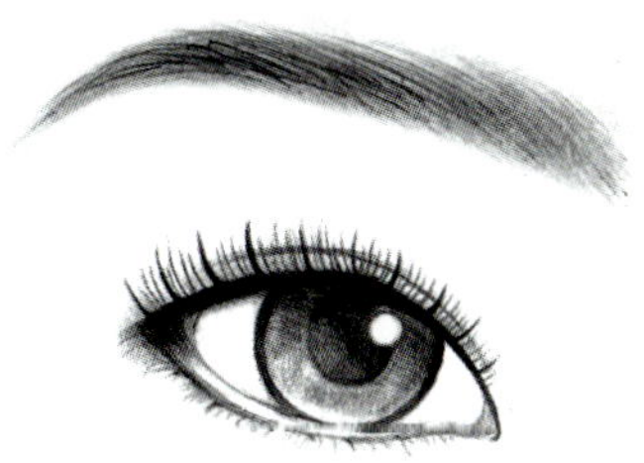	
2	10~11mm		
3	11mm		
4	10~11mm		
5	10mm		
포인트	2~3지점		
기기의 각도	1~3연장은 코 중앙 4~5연장은 코끝		

7) 내려간 눈 (처진 눈)

<table>
<tr><td colspan="2">이미지</td><td colspan="2">온순하고 순진하며 미숙해보이는 이미지를 가지고 있다.</td></tr>
<tr><td colspan="2">속눈썹 연출법</td><td colspan="2">강하고 발랄한 이미지로 만들어야 한다. 속눈썹 연장 기기의 각도를 코 중앙 부분에 두어 연장하면 뒤트임 효과를 주어 눈이 올라가 보이게 한다.
처진 눈의 속눈썹을 연장하면 자신의 속눈썹이 자라면서 힘을 받지 못해 처지는 경우가 있으므로 피부에 가능한 가깝게 바짝 붙여 연장한 속눈썹이 오래 지속되면서도 불편을 느끼지 않게 한다.</td></tr>
<tr><td colspan="2">속눈썹 디자인</td><td>연장 전</td><td>연장 후</td></tr>
<tr><td>1</td><td>10~11mm</td><td rowspan="7">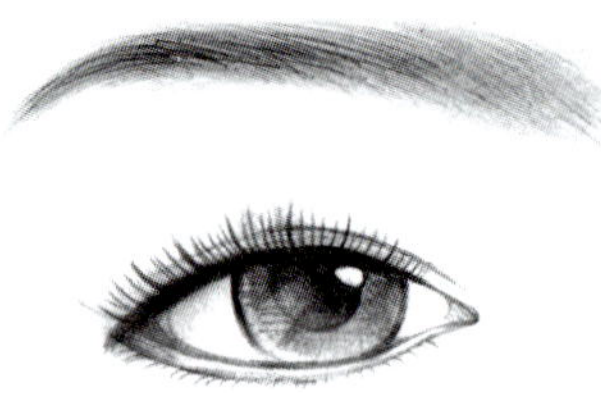</td><td rowspan="7">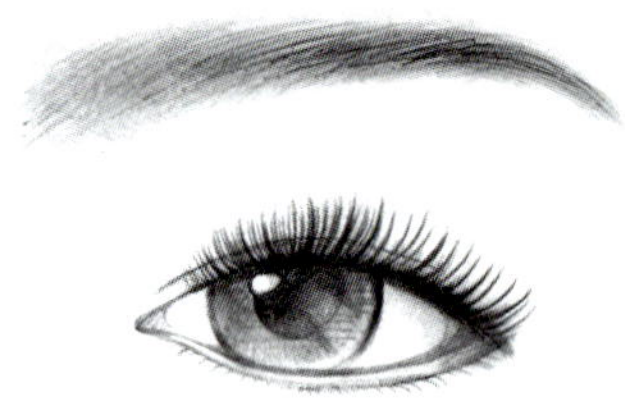</td></tr>
<tr><td>2</td><td>11mm</td></tr>
<tr><td>3</td><td>11mm</td></tr>
<tr><td>4</td><td>10~11mm</td></tr>
<tr><td>5</td><td>10mm</td></tr>
<tr><td>포인트</td><td>2~3지점</td></tr>
<tr><td>기기의 각도</td><td>1~3연장은 코끝
4~5연장은 코 중앙</td></tr>
</table>

8) 튀어나온 눈

이미지	편안하고 부드러운 이미지를 만들어야 한다. 고집스럽고 심술궂으며 통명스러운 이미지를 갖고 있다.
속눈썹 연출법	전체적으로 너무 많은 볼륨감을 주면 튀어나온 눈이 부각되므로 볼륨을 줄이고 너무 긴 가속눈썹을 사용하지 않는 것이 좋다.

속눈썹 디자인		연장 전	연장 후
1	9~10mm	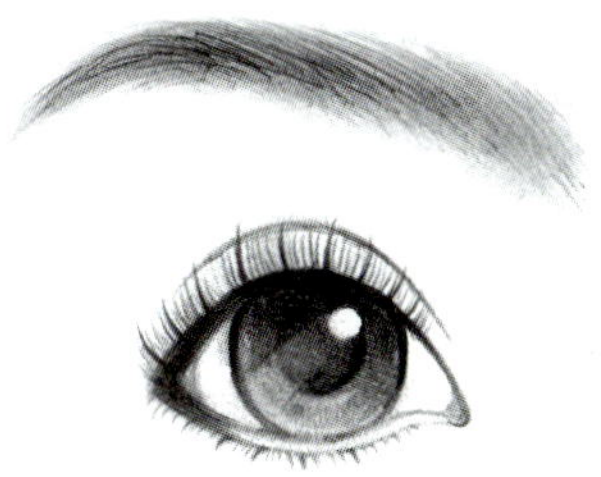	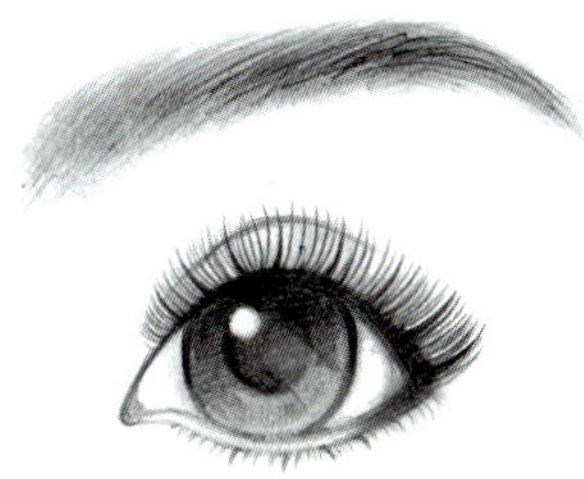
2	10~11mm		
3	10mm		
4	10mm		
5	10~11mm		
포인트	1지점 5지점		
기기의 각도	코끝		

9) 들어간 눈

<table>
<tr><td colspan="2">이미지</td><td colspan="2">성숙하고 나이가 들어 보이며 현대적인 이미지를 갖고 있다.</td></tr>
<tr><td colspan="2">속눈썹 연출법</td><td colspan="2">짧은 원사를 사용하면 눈의 깊이만큼 속눈썹이 피부 깊이 들어가기 때문에 1-2mm 더 긴 원사를 사용하는 것이 좋다.</td></tr>
<tr><td colspan="2">속눈썹 디자인</td><td>연장 전</td><td>연장 후</td></tr>
<tr><td>1</td><td>9~10mm</td><td rowspan="7">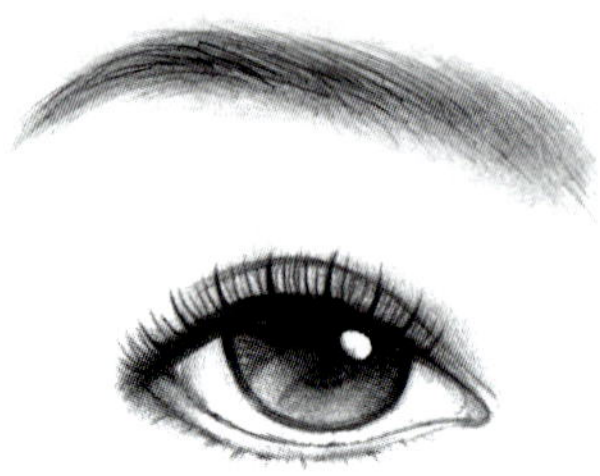</td><td rowspan="7"></td></tr>
<tr><td>2</td><td>10~11mm</td></tr>
<tr><td>3</td><td>11mm</td></tr>
<tr><td>4</td><td>10~11mm</td></tr>
<tr><td>5</td><td>10mm</td></tr>
<tr><td>포인트</td><td>3~4지점</td></tr>
<tr><td>기기의 각도</td><td>코끝</td></tr>
</table>

10) 양미간이 넓은 눈

이미지	온화하고 낙천적이지만 대범한 이미지를 갖고 있다.
속눈썹 연출법	단점을 보완하기 위해서는 연장 시 눈 앞머리 부분에 길이감과 볼륨감을 더 주어 양 미간의 사이를 시각적으로 좁히는 효과를 주는 것이 좋다.

속눈썹 디자인		연장 전	연장 후
1	10~11mm		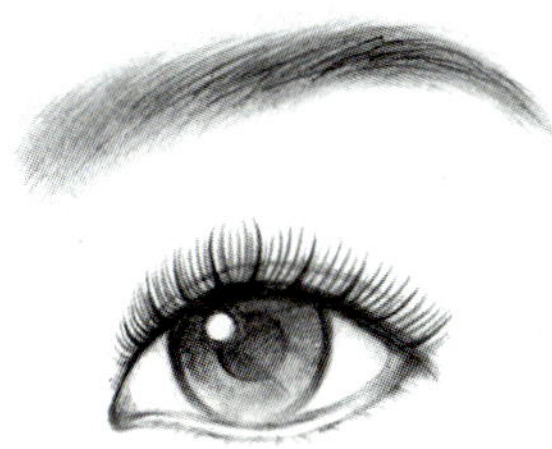
2	11mm		
3	10~11mm		
4	10mm		
5	10mm		
포인트	1~2지점		
기기의 각도	코끝		

11) 양미간이 좁은 눈

<table>
<tr><td colspan="2">이미지</td><td colspan="2">답답하고 편협하며 소극적인 이미지를 갖고 있다.</td></tr>
<tr><td colspan="2">속눈썹 연출법</td><td colspan="2">눈꼬리 쪽에 길이감과 볼륨감을 주어 시선이 눈꼬리 쪽으로 가도록 한다.</td></tr>
<tr><th colspan="2">속눈썹 디자인</th><th>연장 전</th><th>연장 후</th></tr>
<tr><td>1</td><td>8mm</td><td rowspan="7">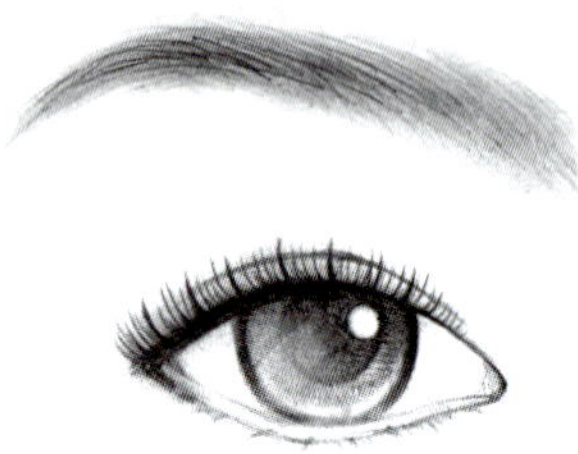</td><td rowspan="7"></td></tr>
<tr><td>2</td><td>8~9mm</td></tr>
<tr><td>3</td><td>10mm</td></tr>
<tr><td>4</td><td>10~11mm</td></tr>
<tr><td>5</td><td>11mm</td></tr>
<tr><td>포인트</td><td>5지점</td></tr>
<tr><td>기기의 각도</td><td>1~3연장은 코끝
4~5연장은 코 중앙</td></tr>
</table>

12) 쌍꺼풀 눈

<table>
<tr><td colspan="2">이미지</td><td colspan="2">성숙하고 활발하며 서구적이고 현대적인 이미지이다.</td></tr>
<tr><td colspan="2">속눈썹 연출법</td><td colspan="2">눈꼬리 부분을 길게 연장하여 안정된 이미지와 세련된 이미지를 연출한다.</td></tr>
<tr><td colspan="2">속눈썹 디자인</td><td>연장 전</td><td>연장 후</td></tr>
<tr><td>1</td><td>9mm</td><td rowspan="7"></td><td rowspan="7"></td></tr>
<tr><td>2</td><td>9~10mm</td></tr>
<tr><td>3</td><td>10~11mm</td></tr>
<tr><td>4</td><td>11mm</td></tr>
<tr><td>5</td><td>11mm</td></tr>
<tr><td>포인트</td><td>3~4지점</td></tr>
<tr><td>기기의 각도</td><td>코끝</td></tr>
</table>

13) 외겹 눈

<table>
<tr><td colspan="2">이미지</td><td colspan="2">청순하고 내향적인 이미지와 고집스럽고 고전적이며 냉정한 이미지를 갖고 있다.</td></tr>
<tr><td colspan="2">속눈썹 연출법</td><td colspan="2">중앙 부분에 포인트를 주고 속눈썹 연장기기의 각도를 조절해 눈을 크게 만들어 온화하고 부드러워 보이는 이미지를 연출한다.</td></tr>
<tr><td colspan="2">속눈썹 디자인</td><td>연장 전</td><td>연장 후</td></tr>
<tr><td>1</td><td>9~10mm</td><td rowspan="7">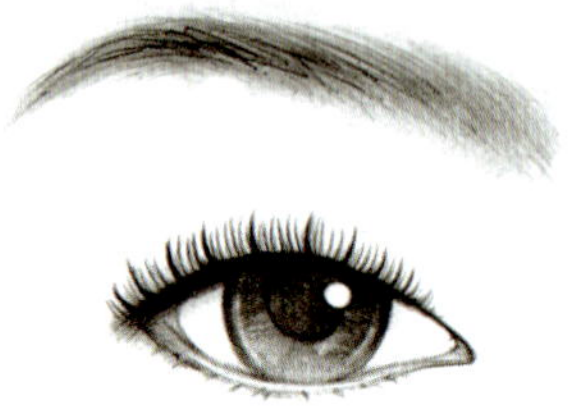</td><td rowspan="7"></td></tr>
<tr><td>2</td><td>10~11mm</td></tr>
<tr><td>3</td><td>11mm</td></tr>
<tr><td>4</td><td>11mm</td></tr>
<tr><td>5</td><td>10~11mm</td></tr>
<tr><td>포인트</td><td>3~4지점</td></tr>
<tr><td>기기의 각도</td><td>코 중앙</td></tr>
</table>

Chapter 8

속눈썹 관리법

Chapter 08
속눈썹 관리법

1 작업 시 주의사항

눈은 우리의 신체 중에서 가장 예민한 부분이고, 눈에 부속되어 있는 속눈썹은 미세하고 복잡하게 나열된 부분이다. 이러한 속눈썹을 길고 풍성하고 아름답고 매력적으로 만들어 주는 작업이 속눈썹 연장술 또는 증모술이다. 그러므로 항상 청결해야 하고 작업 시 주의를 기울여야 문제가 발생하지 않는다. 속눈썹 연장시술을 하기 전에 고객의 속눈썹 상태를 정확히 파악하여야 한다.

1) 속눈썹 연장을 금하는 경우

- 고객의 눈에 다래끼가 나거나 눈 성형을 한 경우, 기타 눈 질병이 있을 경우에는 고객이 요구하더라도 시술을 하지 않는다.
- 안구건조증이 있는 경우에도 시술을 하지 않는다.
- 임산부는 시술을 하지 않는다. 머리카락, 속눈썹을 비롯한 임산부의 털은 모근에서부터 약해져 있으므로 연장 시술로 모에 무리를 주지 않는 것이 좋다.
- 눈 성형을 한 경우 1개월까지는 시술을 하지 않는다.
- 라식, 라섹 수술을 한 경우 3개월까지 연장술을 하지 않는다.
- 눈 주위에 알러지가 있는 사람도 시술을 하지 않는다.

※ 속눈썹 아티스트의 의무사항

- 속눈썹 연장을 금하는 경우 고객이 원하더라도 절대로 시술을 해서는 안 된다.

2) 속눈썹 연장 후 빨리 떨어지는 경우

속눈썹 연장 후 빨리 떨어지는 경우	원 인
1~3회까지 속눈썹 연장을 했을 경우	속눈썹에도 지탱해주는 근력이 있다.(헬스를 할 때 처음부터 무거운 기구를 들지 못하고 힘을 길러 사용하는 것과 같다)
비가 올 때 연장을 했을 경우	속눈썹의 주성분이 단백질이라 수분을 흡수하는 성질이 있다. 비가 오면 습도가 높아져서 연장 시 지속력이 떨어진다.
수영을 자주했을 경우	장시간 속눈썹이 물속에 잠기는 수영의 특성상 수분으로 인해 연장한 부분이 팽창되면 속눈썹을 비비거나 외부의 물리적 자극으로도 쉽게 떨어질 수 있다.
항생제나 감기약을 복용할 경우	감기가 걸린 경우 가능한 한 연장을 하지 않는 게 좋다. 모근이 예민한 상태라서 속눈썹이 빨리 떨어지는 원인이 된다. 항생제에는 탈모를 유발하는 성분이 들어있는 경우가 있다.
속눈썹 연장 시 정확하게 착지가 되지 않았을 경우	모든 모(毛)는 타원형이다. 정확하게 착지가 되지 않을 경우 틈새로 인해 빨리 떨어지는 원인이 된다.

3) 속눈썹 연장 전 확인할 속눈썹의 기초이론과 주의사항

① 고객의 속눈썹 상태를 고려하지 않은 무리한 연장이나 증모는 이상탈모를 유발할 수 있다. 속눈썹을 풍성하게 해주는 것도 좋지만, 건강한 속눈썹에 연장을 하는 게 중요하다. 가속눈썹을 풍성하게 연장하기를 원하는 고객의 경우 본인의 속눈썹 상태를 이해시키고 굵은 데니아의 가속눈썹을 사용하여 만족을 주는 것이 좋다.

② 속눈썹의 주기는 3~5개월이다. 속눈썹모는 성장기(45일) → 퇴화기(성장이 멈추고 서서히 모근에서 모간으로 이동 진행) → 휴지기(모근에서 모간 가까이 이동)의 과정을 거쳐 자연탈모 된다. 정상인의 속눈썹 자연탈모는 하루에 1~2개이다. 긴 속눈썹에 연장한 경우 자기 속눈썹과 같이 빠지는 것은 정상탈모이다. 정상탈모의 경우 속눈썹이 빠지면 모근 끝부분(모간 가까운 지점)에서 대기 중인 속눈썹이 모간으로 나온다. 아주 짧은 속눈썹(고객의 가장 긴 속눈썹을 7~10mm라고 했을 경우 1~3mm 길이에 연장한 속눈썹)에 붙일 경우 이상탈모가 온다. 이상탈모가 온 자리에 속눈썹이 새로 생성되기 까지는 2개월 정도 기다려야 한다. 무리하게 속눈썹을 연장할 경우 자신의 속눈썹이 빠진다고 불평하며 연장술을 외면하는 사례가 발생한다.

③ 고객들에게 관리요령을 숙지시켜야 한다. 아무리 정성스럽게 작업해도 고객이 관리를 소홀히 하면 지속력이 떨어진다.

④ 3회 이상 속눈썹 연장을 해야 정상적인 지속력을 갖게 된다.

속눈썹 연장 후 점검사항

- 연장이 잘 되었는지 확인하고 점검한다.(부족한 부분 보충)
- 속눈썹과 가속눈썹이 제대로 붙지 않고 떠있는지 확인한다. 떠있는 경우 눈을 찌르게 되므로 제거한다.
- 속눈썹 연장 후 시술 부위가 제대로 연장되었는지 확인한다.
- 더 나은 서비스를 위해 고객의 만족도를 체크하고 요구사항을 기록한다.

2 고객에 대한 예절

- 부드러운 매너로 성심성의껏 친절하게 대한다.
- 고객의 속눈썹 상태와 관리 방법을 자세히 설명한다.
- 깨끗한 복장과 철저한 위생도 고객에 대한 예절이다.
- 사전 예약시스템으로 고객이 기다리지 않게 한다.
- 연장 후 고객이 지켜야 할 주의사항을 설명한다.
- 필요한 도구를 정리하고 위생과 안전규정을 준수한다.
- 고객의 감성을 중요시하면서 속눈썹에 대한 정보를 제공한다.
- 고객의 불만사항에 긍정적인 태도로 임한다.

3 작업 후 관리방법

- 사용한 모든 제품을 정리하고 소독한다.
- 속눈썹 기기는 이물질이나 글루가 묻은 부위에만 글루 리무버를 묻혀 2~3분 지난 다음 닦아 내고 홈에 묻은 경우 미세바늘로 제거한다. 재생크리너(소독 및 코팅효과)를 분사하여 깨끗한 면 수건으로 닦아 보관한다.
- 고객차트를 잘 정리해 둔다.

4 속눈썹 연장 후 고객 관리방법

- 연장 후 3~4시간 동안 세안을 하지 않아야 하며, 하루 정도 속눈썹을 조심스럽게 다룬다. 메이크업을 지울 때 눈 주위를 면봉으로 조심스럽게 닦아 내야 한다.
- 목욕은 24시간 후에 하는 것이 좋다.
- 눈을 비비거나 연장한 속눈썹을 당기거나 문질러서는 안 된다.
- 엎드려 자는 것을 피한다.
- 씻지 않은 손으로 눈이나 연장한 속눈썹을 만지는 습관을 없앤다.
- 아이라이너는 수성을 사용하는 것이 좋다. 유성을 사용하면 아이라이너 유성액이 속눈썹에 묻어 씻어도 제거되지 않아 지저분 할 수 있다.
- 마스카라는 사용하지 않는 것이 좋으며 사용할 경우 수성을 사용하도록 한다.
- 세안할 때 오일 성분의 클렌징을 피한다.
- 아이래쉬 컬러(뷰러)를 사용하면 컬이 구겨지므로 사용하지 않는 것이 좋다.
- 속눈썹 영양제는 속눈썹 연장 지속 기간이 짧아지는 원인이 될 수도 있으므로 주의해서 사용한다.(사용 설명서를 확인 후 사용하여야 한다)
- 연장 후 눈이 가려운 경우 비비지 말고 면봉으로 가볍게 눌려준다.

5 속눈썹 수정방법

1) 연장한 속눈썹 수정방법

① 속눈썹이 자라 연장한 속눈썹 끝 부분이 벌어진 경우나 글루 리무버를 사용하지 않을 경우 기기판 위에 수정할 속눈썹만 올려놓고 수정한다.
② 손등이 보이게 일자핀셋 두 개를 양 손에 잡고 작업한다.
③ 일자핀셋의 끝부분이 위로 향하게 한다.
④ 왼손에 쥔 일자핀셋은 속눈썹을 잡고 아래로 살짝 내려 고정시키고, 오른손의 일자핀셋은 분리할 속눈썹을 떼어낸다.
⑤ 브러시로 눈 주위를 깨끗하게 정리한다.

2) 유성 아이라이너 사용 고객 수정방법

① 홈이 없는 속눈썹 연장 기기판 위에 유성 아이라이너가 묻은 속눈썹을 올려놓는다.
② 손등이 보이게 일자핀셋 두 개를 양 손에 잡고 작업한다.
③ 일자핀셋의 끝부분이 위로 향하게 한다.
④ 왼손에 쥔 일자핀셋은 속눈썹을 잡고 아래로 살짝 내려 고정시키고, 오른손의 일자핀셋은 속눈썹에 묻은 유성 아이라이너를 긁어 떼어낸다.
⑤ 브러시로 눈 주위를 깨끗하게 정리한다.

부록

□ 부록 1. 위생 테이프 붙이기

제출일		성명		확인	

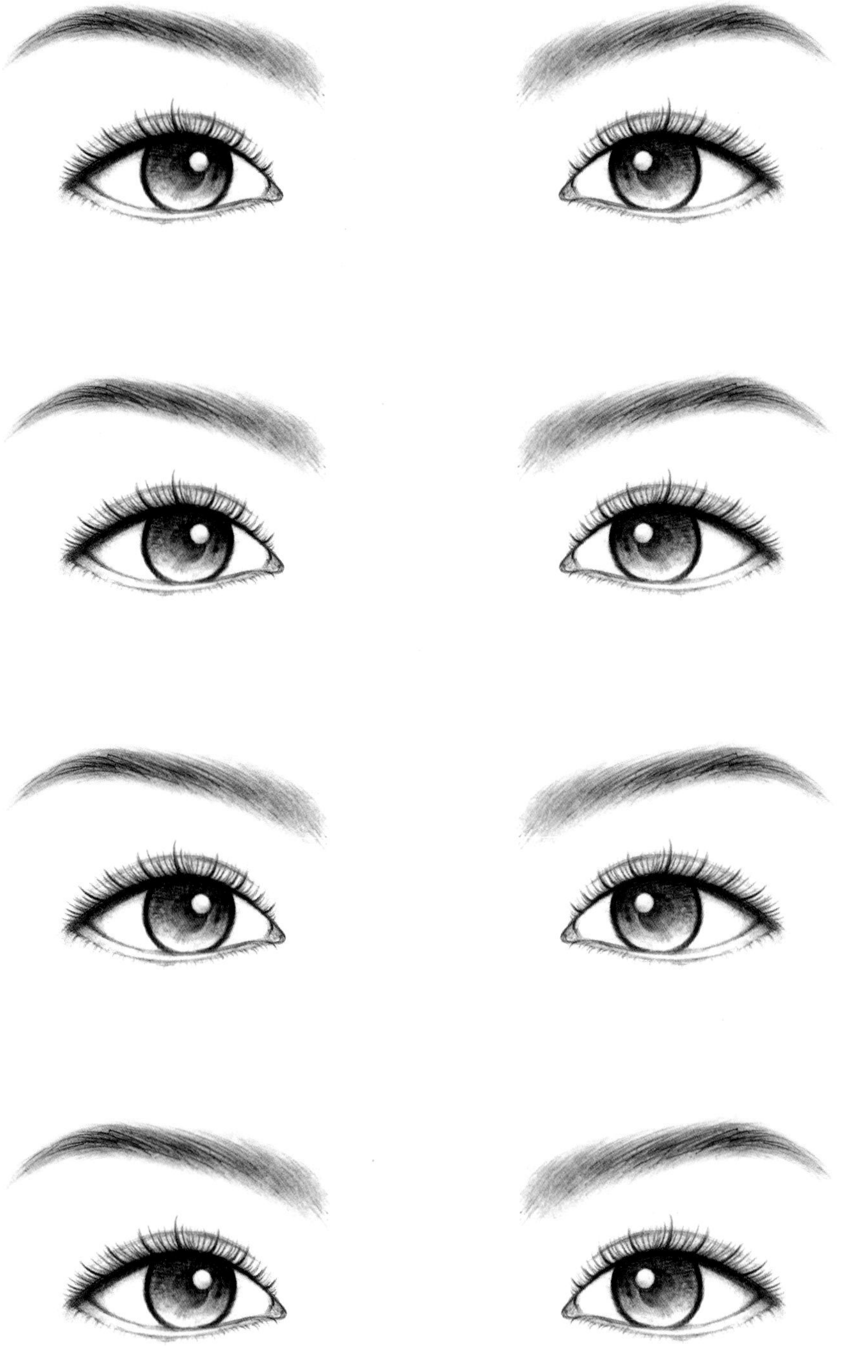

□ 부록　1. 위생 테이프 붙이기

제출일		성명		확인	

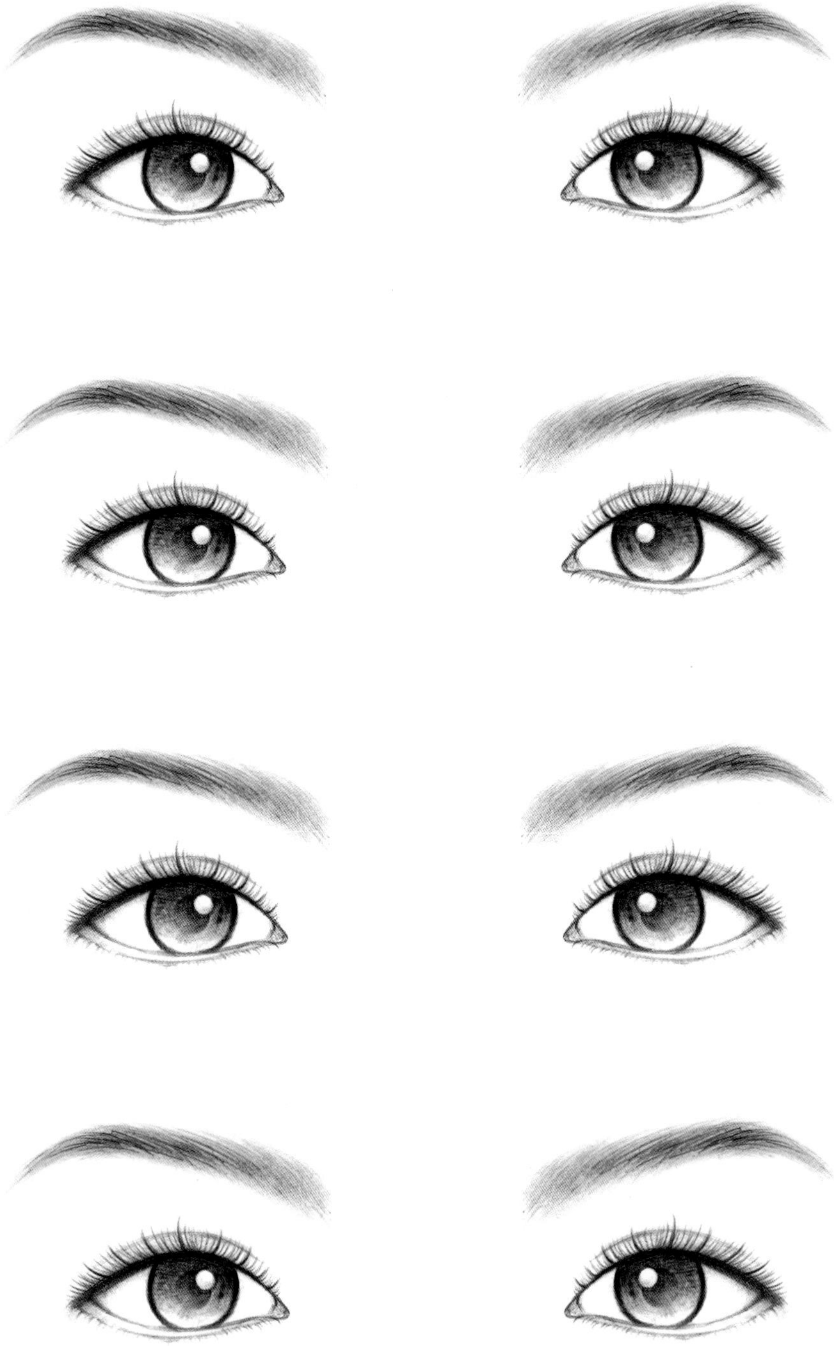

□ 부록　1. 위생 테이프 붙이기

제출일		성명		확인	

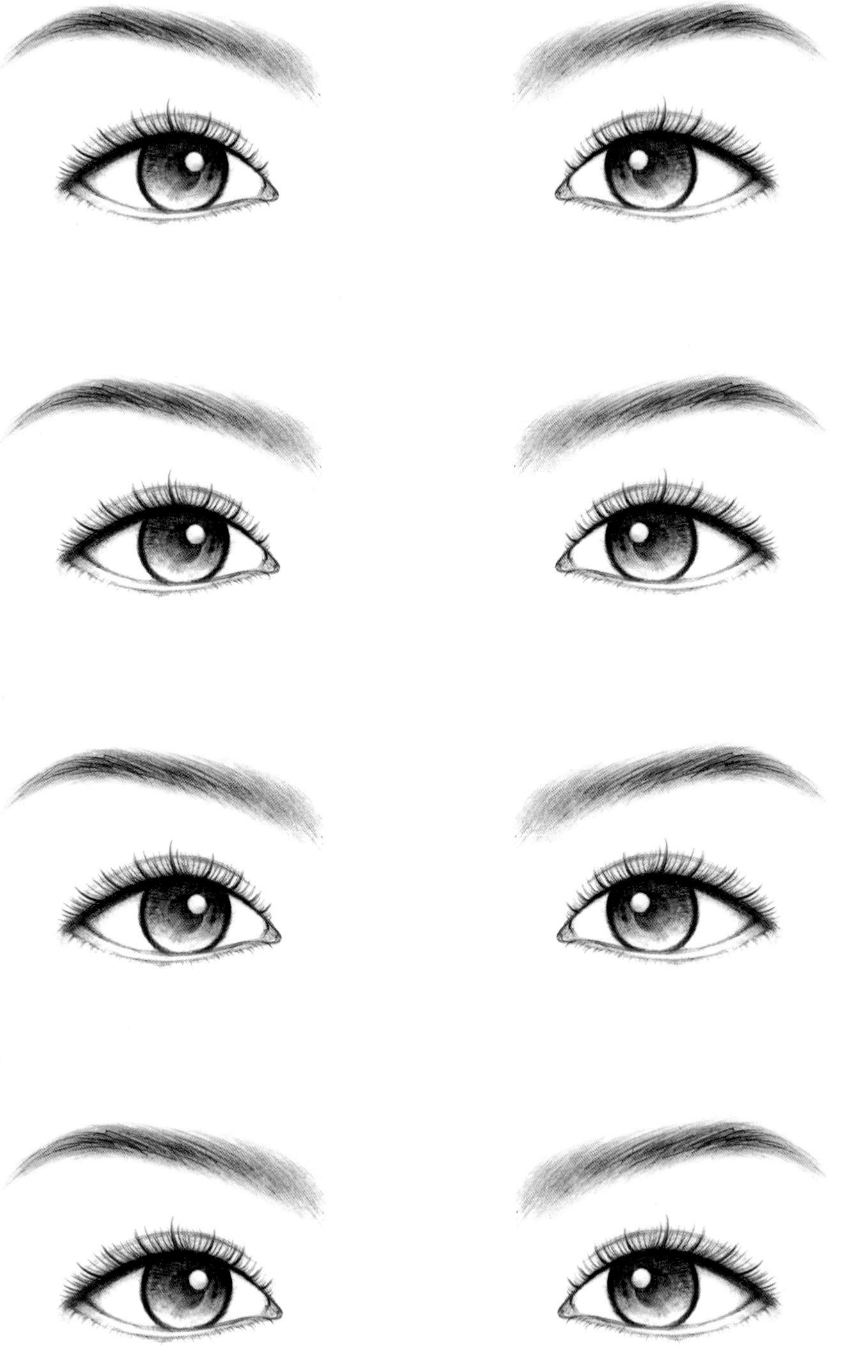

□ 부록　　2. 눈의 형태별 속눈썹 디자인(균형 잡힌 눈)

제출일		성명		확인	

□ 부록 2. 눈의 형태별 속눈썹 디자인(균형 잡힌 눈)

제출일		성명		확인	

□ 부록 2. 눈의 형태별 속눈썹 디자인(균형 잡힌 눈)

제출일		성명		확인	

□ 부록 3. 눈의 형태별 속눈썹 디자인(올라간 눈)

제출일		성명		확인	

□ 부록　3. 눈의 형태별 속눈썹 디자인(올라간 눈)

제출일		성명		확인	

□ 부록 3. 눈의 형태별 속눈썹 디자인(올라간 눈)

제출일		성명		확인	

□ 부록 4. 눈의 형태별 속눈썹 디자인(내려간 눈)

제출일		성명		확인	

□ 부록 4. 눈의 형태별 속눈썹 디자인(내려간 눈)

제출일		성명		확인	

□ 부록 4. 눈의 형태별 속눈썹 디자인(내려간 눈)

제출일		성명		확인	

참고문헌

권태일 외(2013), 네일아트, 서울: 청구문화사
김덕훈 외(2012), 시기생리학, 서울: 현문사
김덕훈 외(2013), 시기해부학, 서울: 정문각
김선희 외(2011), 피부미용경락과 지압, 서울: 청구문화사
김재민 외(2012), 시기해부학, 서울: 현문사
김진숙 외(2011), 눈의 해부학, 서울: 청구문화사
김현승 외(2014), 안과학, 서울: 일조각
이숙연 외 2인(2002), 네일케어 & 디자인, 서울: 청구문화사
이한기(2004),해부 생리학, 서울: 고문사
장미희 외(2003), 모발관리&가발, 서울: 예림
정영태 외(2013), 사람해부학, 서울: 청구문화사
대한병리학회 대전 · 충청지회(2011), 기본병리학, 서울: 청구문화사
한국소비자보호원 소비자안전센터(2005), 인조속눈썹의 안전실태 조사: 인조 속눈썹 접착제를 중심으로, 서울: 한국소비자보호원

Corson, R. & Glavan, J. (2001). Stage makeup (9th ed.). Boston: Allyn and Bacon.
Corson, R. (1972). Fashions in makeup: From ancient to modern times. London: Peter Owen.
Eaton, D. A. (1936). Applying false eyelashes. Beauty Culture. 7(20), 10.
Gerson, J. (1992). Milady's standard textbook for professional estheticians (7th ed.). Milady Publishing Company.
McLaughlin, T. (1972). The gilded lily. London: Cassell & Co. Ltd.
Joel Gerson. (2003). Milady's Standard Textbook for Professional Estheticians(표준피부관리학), 서울: 정담미디어
The Australian women's weekly. Sydney, Australia: Author.
The hairdresser and toilet requisites gazette. London, England.
Tremblay, S. (1978). The professional skin care manual. London: Prentice-Hall.
Verni, M. (1946). Modern beauty culture (2nd ed.). London: New Era Publishing.

남지영(2013), 속눈썹미용 유형에 따른 선호도와 시술만족도가 아이메이크업 이미지 변화에 미치는 영향, 가천대학교 경영대학원 석사학위논문
설현진(2008), 안전한 모발연장술에 관한 연구-속눈썹 중심으로-, 한국인체미용예술학회지, 9(1)
송경미, 민경훈(2014), 속눈썹 연장이 속눈썹 손상도에 미치는 영향과 속눈썹 영양제의 효능, 대한피부미용학회. 12(2)
안소정(2005), 속눈썹 미용이 물체인식과 시력에 미치는 영향, 한국인체예술학회지. 6(1)
이강아(2003), 우리나라 여성의 마스카라 이용 실태에 관한 연구, 한성대 예술대학원 석사학위논문
이정은(2003), 아이메이크업에 의한 이미지 연출에 관한 연구, 한성대학교 예술대학원 패션예술학과 석사학위논문
이현웅(2013), 속눈썹 서비스 종사원의 직무교육이 직무만족 및 성과에 미치는 영향에 관한 연구, 광운대학교 경영대학원 석사학위논문
임미애(2007), 눈썹 화장에 관한 연구, 한국인체예술학회지. 8(3)

http://en.wikipedia.org/wiki/Karl_Nessler
http://en.wikipedia.org/wiki/Willy_Clarkson
http://en.wikipedia.org/wiki/D._W._Griffith
http://en.wikipedia.org/wiki/George_Westmore
http://ko.wikipedia.org
http://www.google.co.kr
http://www.isiswig.com
http://daejinchemical.com
[메디컬투데이] 속눈썹 연장이 눈 건강에 미치는 영향, 2013-07-12

저자 약력

장미희
· 보건학 박사
· (사)세계가발패션예술인협회 회장
· 스피드속눈썹연장기기 특허 외 34개 특허개발

강근영
· 의류학 박사
· 선린대학교 뷰티디자인과 교수
· 전국대학교미용교수연합회부회장

전연숙
· 보건학 박사
· 성결대학교 뷰티디자인학과 부교수
· 한국메이크업디자인학회 회장

이숙연
· 충청대학교 피부미용과 교수
· 한국메이크업교수협의회 회장
· 한국메이크업디자인학회 상임이사

이귀영
· 문학박사
· 신안산대학교 뷰티디자인과 교수
· 한국미용학회 고문

속눈썹 디자인

2014년 08월 30일 초판인쇄
2014년 09월 10일 초판발행

지은이 : 장미희, 이숙연, 강근영, 이귀영, 전연숙
펴낸이 : 이상태
펴낸곳 : 청구문화사
(120-831) 서울특별시 서대문구 성산로 11길 15
전 화 : 02-332-0541(代) 전 송 : 02-337-9577
등 록 : 1990년 11월 2일 제9-247호

가격 20,000원

ISBN 978-89-5616-626-1 93590